馬斯洛人性管理經典

Maslow On Management

亞伯拉罕・馬斯洛 Abraham H. Maslow
黛伯拉・史蒂芬絲 Deborah C. Stephens 蓋瑞・海爾Gary Heil 著

李美華 | 吳凱琳 譯

推薦序——跨時代的心理學家

莊仲仁

馬斯洛是一位相當著名的心理學家，他所創造的需求層級理論，無論在學術理論或實務應用上，均受到大家的喜愛及肯定。因受篇幅的限制，我從他的學術生涯及需求層級理論兩方面簡要介紹。

馬斯洛，一九〇八年四月四日出生於美國紐約市。馬斯洛的雙親是從俄國移民到美國的猶太人，教育程度並不高，但他在雙親「望子成龍」的殷切鼓勵，以及經歷幼年時期物質生活的匱乏，影響了他後來充滿謀求自我改善、自我發展，以及自我實現的強烈動機。

馬斯洛進入康乃爾大學時，首先按照父命選擇攻讀法律，但讀不到兩星期，就感覺自己不適合當律師，而廣泛地另選各種喜歡的學科。讀到大三時，馬斯洛轉到威斯康辛大學，也在那接受了完整的心理學教育與訓練。他於一九三〇年得到學士學位，次年得到碩士學位，一九三四年獲得博士學位。馬斯洛在威大攻讀心理學時，首先接觸到的是馮德與鐵欽納的結構主義。結構主義的基本主張認為心智歷程的運作和化學現象大同小異，因此認為採用探究化學現象的方法也可適用於窺知人類心靈的奧祕，亦可藉由分析感覺與知覺的各種心理要素，探究這些要素的總和是什麼，以及它和人類的意識有什麼關係。

在這個時期，馬斯洛也因為行為主義大師華生（J. Watson）的鼓勵，繼續對心理學感到興趣。有一段時期，馬斯洛認為行為主義可以解決世界上所有的問題，而專注投入於行為主義的方法與原理的應用。爾後，他在指導教授哈羅（H. Harlow）博士指導之下，完成〈猴子之性行為與支配行為〉博士論文。就馬斯洛後來的思想而言，這項動物的研究似乎和後來對人類行為的研究有相當的差異，令人感到不可思議！然而，事實上這項研究引發他後來對人類行為的研究。

他在猴子的研究中，觀察到猴子在飽餐之餘，仍然努力不懈地解決問題，並發現豬也有類似的行為，在各種條件下也會選擇有益健康的食物。這些結果顯現了，動物似乎有一種追求健康的基本驅力。他後來也相信，人類也具有這種追求知識、權力和頓悟的動機。因此，他早期所做的動物行為之研究，奠定他自我實現理論的基礎。馬斯洛於一九七〇年因心臟病去世，次年他的夫人蒐集他生前發表的論文，編成《人性與極致》一書出版。另外，馬斯洛在學術界除了在威斯康辛大學、紐約布魯克林學院、布蘭迪斯大學，以及加州西行為科學研究院擔任教職外，更鼓吹成立人本心理學會，被推選擔任美國心理學總會會長，由這些簡要的事蹟可知他對心理學界的學術發展和貢獻有目共睹。

淺釋需求層級理論

諸如我們常常聽到「一起打拚」、「他的幹勁十足」等話語，如果用心理學家的概念來說明，「拚」、「幹勁」就是動機。心理學家常常用動機（需求、欲望、抱負等）來說明人類（或動物）為什麼產生行為？為什麼這種行為會朝向某一個目標？為什麼這種行為會持續下去？而動機可說是一種心理能量，也是一種產生行為的原動力，人類文明、科技進步的原動力就是動機。長久以來「動機」一直是理論心理學、工業心理學、組織心理學、消費者心理學等所熱中探討的主題之一。動機理論應用在工業、組織心理學、管理心理學、政治心理學、臨床心理學等方面較為著名的有七大理論：（1）需求層級理論、（2）ERG理論、（3）公平理論、（4）期望理論、（5）增強理論、（6）目標設定理論，以及（7）內在動機理論。

在這七個工作動機理論當中，目前常被國內外企業界廣為應用的是馬斯洛的需求層級理論，因其理論架構可幫助我們了解員工的基本需求為何？哪些需求較為重要？哪些需求是急需改善？同時也可作為年度經營方針，推行全面品質改善活動的參考依據。

根據馬斯洛的需求層級理論，人類有「五大需求」：生理需求、安全需求、愛與歸屬需求、自尊需求以及自我實現需求。「生理需求」是最基本的需求，通常是人們生存的一些必要條件，例如空氣、水和食物。「安全需求」則是人們免於恐懼、免於危險，以及免於被剝奪的需求。

「愛與歸屬需求」包括了與人交際、歸屬以及結交朋友、友誼等需求。「自尊需求」包括自信、並受其同儕團體的認同與尊敬。「自我實現需求」在馬斯洛的需求層級理論中最廣為人知，它指的是個人對自我潛能的充分發揮。

持續不斷的動機

馬斯洛在他的需求層級理論中，特別提出人類的動機狀態是持續不斷的，動機的性質是被動的，而且其構造是複雜的。更進一步來說，在短暫的時間內個人的動機也許獲得滿足，但從長期的觀點來看，人類的動機是不可能完全獲得滿足。當個人滿足某一種需求之後會產生新的需求，新的需求滿足了，又會有另一種新需求接著產生。因此人類的需求是永無止境的。

馬斯洛也認為，依這需求顯現的情形來看，人類的需求是有層次可分的，並提出八點理由來說明：

（1）較高層次的需求是後來才發展出來的，就像生物的進化一樣。

（2）需求的層次愈高，其完全存在的可能性較低；這種需求容易消失，同時相伴的酬賞延遲也較沒關係。

（3）生活在高需求層次的人意味著其物質性的事物較充分、較長壽、較少生病、睡得較好、胃口較佳。

（4）低層次的需求強度較弱、且較客觀。

（5）高層次需求得來的滿足是較為主觀的，如非常幸福、心情十分平穩、內在生活非常富裕等。

（6）由高層次需求得來的滿足，使人們生理健康以及心理健康又向前邁了一大步。

（7）當個人的環境（經濟、教育等環境）較好時，個人較易滿足高層次的需求。

（8）當個人滿足其高層次需求之後，個人愈可能接近自我實現的目標。

馬斯洛還認為，同層次問的需求是互相依賴，且有重複的地方：只有當低層次的需求完全滿足了之後，方可滿足高層次的需求。此外，他也指出：由於個別差異的影響，每個期待滿足的需求不一樣，其重要性也不同。當前的心理學界，常以周延性、可驗證性、實證性效度、應用價值和啟發價值等幾項較重要的指標，來判斷一個理論的科學價值。那麼，馬斯洛的理論是否合乎上面所陳述，這一點常受批評。

近幾十年來，根據台灣大學心理學系工商心理學研究室，針對台灣飛利浦、宏碁、中華汽車、電子業、製造業等十多家廠商所累積的產業合作之經驗，證明了以馬斯洛的需求層級理論為基本架構，使用客觀的測量方式來測量各種需求的強度及滿足程度，將可充分了解、掌握員工的心理需求；並且可幫助企業組織作為制定方針、改善制度、訂定激勵政策，以及提升員工工作與生活品質的重要參考指標。這些研究成果，給予我們工商心理學研究室帶來了信心與鼓勵，也獲得合作廠商的肯定，是值得欣慰的，我們願以這些經驗來和各位分享與共勉。

（本文作者為台灣大學心理學系榮退教授）

推薦序——馬斯洛的理想世界

楊千

心理學大師馬斯洛在學術上的基本貢獻，是將人的需求加以觀察分類並予以層級化：生理、安全、愛與歸屬、尊重，以及自我實現等五大需求，而自我實現就是做自己喜歡的事。大家對馬斯洛在心理學、社會學或教育學的貢獻比較清楚，但卻比較少知道他曾經研究過如何讓組織能更有生產力。這本書就是馬斯洛應用自我實現的概念來說明理想管理境界，具有社會責任的管理者將會發現本書的跨時代價值。

馬斯洛認為人的需求分成兩類：一為匱乏性質的需求（Deficit; D-needs），一為自我成長性質的需求（Being; B-needs）。匱乏性質的需求來自「缺乏」，比如人因缺水而想要喝水，這種對水的需求會因取得之後而消失。馬斯洛將前四層級的需求都歸類為匱乏性需求。自我成長性需求來自「個體本我」，是指一旦出現就會持續地感到那種需求，而且會愈來愈強。馬斯洛則將自我實現的需求歸類為自我成長性質的需求，比如泰瑞莎修女認為「人類放棄人類」是一種罪惡，她感到有個需求或負擔來照顧被人類放棄的人類。個體本我因人而異，馬斯洛認為理想中的管理境界就是人人都能自我實現。

一九六二年時，加州有一家電錶公司老闆對馬斯洛的需求理論有興趣，因為他注意到在組裝線末端最有生產力，原因是工作人員可以看到成品而產生成就感。因此他想將組裝線的工人改組，使每個小組擔負個別產品的整體製程。於是他邀請馬斯洛參加他的實驗，在當年這算是很大的嘗試。馬斯洛用錄音機隨時隨地將工廠說所見所聞所想記載下來，寫成《夏日筆記》。馬斯洛的記載中特別強調，管理當局與從業人員之間的相互信任、誠懇以及持續性地現場改善。

在這本筆記中他記載並說明理想中的管理境界，他設想有一千人居住在一個小島上，相互合作愉快地共同生活，他稱這樣理想的境界為「健全心理」（eupsychia）——人人都在他所謂的心理健全的狀態，人人都在自我實現的需求層次，這是一個美麗新世界。這本筆記記載了馬斯洛透過對理想世界的描述，說明了管理者的社會責任。他創造「開明管理」（enlightened management）這個名詞。在開明管理的境界中，人們可以達成自我實現，人盡其才，人人潛能得以發揮因而產生相互信賴、彼此肯定的團隊精神。他發現這樣的團隊才能造就較好的成員，而好的成員也跟著造就團隊，兩者是互為因果的。

在一九六三年，馬斯洛用複寫紙抄寫了幾份《夏日筆記》給幾個朋友，一位在大學當院長的朋友華倫．班尼斯（Warren Bennis）鼓勵他出書。馬斯洛在造字的喜好也已達到自我實現的境界，所以沒有聽從好友班尼斯與管理大師杜拉克的勸告，堅持以《健全心理管理》（Eupsychian Management）為名。

這本書在一九六五年出版，因為書名怪異，叫好不叫座，在一九七〇年代發行幾版就停印了。後來，他的學生把全文放在網路上讓大家免費閱讀與下載。到了一九九八年暑假，馬斯洛的女兒取得該書的版權並以新書名《Maslow on Management》出版。班尼斯認為，雖然馬斯洛在理論描述上有些論點或天真，但關於馬斯洛對管理的實踐論述，班尼斯認為馬斯洛相當中庸而實在。

杜拉克對馬斯洛的貢獻做了一個相當中肯的評論，他說：「馬斯洛的貢獻很偉大，他指出人事政策要因人而異，才能使管理有效。」他對本書的評價：「這是馬斯洛最重要、最歷久不墜的一部著作，對我的影響難以抹滅。」因為這一次的出版加入不少哈佛大學、史丹佛大學等學院派以及實業界的訪談紀錄，讓本書增添許多現代感及權威肯定，這本書可視為馬斯洛再世的增訂版，它充分反映出本書跨越時空的特質，適合老中青不同年齡層與不同經驗的讀者。是一本讀來引人入勝，讀後發人深省的好書。

（本文作者為交通大學榮退教授）

推薦者的話

「企業主管、政治領袖在描繪願景的故事中，多少會鼓吹人性的尊嚴、潛能的發揮、心神領會地投入工作，他們都是在談馬斯洛自我實現和高峰經驗的主張。當企業界、政治界和教育界在數落X理論的管理哲學或極權的意識型態時，通常都是以Y理論和人本思想為其理想模式之依據，他們就是在談馬斯洛的人本心理學理論。他一生只活了六十二歲，但他洞悉人性的光明面，創設人類希望的第三勢力的人本心理學，卻是永垂不朽的。」

——吳靜吉，政治大學教育學系兼任教授

「過去很多事物，由於無法重複驗證，而被科學家所忽視。藉由這本書，終於讓大家了解其重要性，進而開啟經營管理者邁向二十一世紀時的新價值觀。」

——石滋宜，全球華人競爭力基金會董事長

「憶及一九六〇年代個人做為早期MBA學生時，有關馬斯洛這位心理學家所提出『需求層級』人類動機理論幾乎就已經是人人朗朗上口。至今不但盛況依舊，而且遍及管理領域以外的人，可見這一理論歷久彌新的價值。

「管理做為一種人類活動，基本上乃屬於實務性質。有關管理理論則多根植於社會科學。早期多和經濟學的理性假設有關。但稍後，人們發現，似乎和心理學人性假定關係更為貼切；事實上若能將這些理論置入於文化人類學架構內，則其應用範圍更具彈性。

「無論如何，這一基於心理學所發展的動機理論，對於人性提供一種最簡潔而又實際的觀點，再加探究，不但可獲溫故知新的啟發，且對於管理實務，亦有其指引功能，無疑這是一本值得一讀再讀的好書。」

——許士軍，逢甲大學人言講座教授

「大師馬斯洛以平凡的大眾為研究對象，探索人性的真實面。他以超越時空的智慧和勇氣，誠實地質疑傳統管理的弊病。」

——尤克強，元智大學總務長

「這是一本給有智慧、有專業素養的人閱讀的書，它像是一座礦場，懂得開採的人將滿載而歸。」

——洪良浩，哈佛企管顧問公司董事長

「這是一本富含人性思考又兼具社會心理層面的管理書籍，文中充滿細緻的管理理念，是實踐人性管理的工具良書。」

——王麗容，台灣大學社會工作學系教授

「根據國外知名的工商心理學者穆金斯基（Muchinsky, 1997）指出，企業的競爭優勢有四，即速度（speed）、創新（innovation）、品質改善（quality-enchancement），以及降低成本（cost-reduction）。然而本書作者馬斯洛卻早在一九六〇年代即提出『人類的潛能是每一個企業的競爭優勢所在』，以及『企業組織是研究心理學，例如學習、動機、決策、情緒等的最佳場所』，這些觀念的倡導皆令人十分地佩服。」

——張裕隆，政治大學心理學系教授

CONTENTS 目錄

新版序言——跨越時空的經典

華倫．班尼斯（Warren Bennis）

實在不可思議，一本在第一版付梓出版之後，就此消失於書海中的書，絕版了三十七年，完全被世人所遺忘。如今又突然出現，再度引起每個人的好奇心。對於數千名馬斯洛迷以及其他在研究課程中聽過馬斯洛名字，或是聽過自我實現、高峰經驗和需求層次的人來說，未嘗不是個福音。

為什麼這本已絕版的書仍讓我念念不忘？也許是書名的關係吧。我曾經建議馬斯洛取一個較為讀者理解的書名；他那種像謎一般的詞語與寫作方式，對我來說其實是一大考驗，但他仍堅持用《健全心理管理》（Eupsychian Management）作為書名。

也許是時代的關係，第二次世界大戰後，自滿的美國工業界對商業書興趣缺缺，尤其他是一位心理學家，完全沒有實務經驗。除了令人頭痛的書名外，他的寫作方式非常散漫——片段的想法、未成型的草稿，像是畫家的草圖或小提琴手的手指練習樂譜。

書中的內容都是從他日記中一字不漏地謄錄。馬斯洛第一次給我看他的日記時，我斬釘截鐵地說：「你一定要出版。」他一直不答應，覺得這些內容仍需修正，這些只是草稿，不具任何學術意義。「我在這領域算是一位新人。」他總是藉口不斷。最後理智戰勝了感情；我說服他出版自己的日記，還找到一位出版商，不過他們顯然不太欣賞其中的內容，還語帶輕蔑地問我，英語是不是馬斯洛的第二語言。

書中有些內容似乎天真地令人發笑，有些卻又極具先見之明與洞察力。書中完全沒有公式化的「典範」（paradigms），也沒有所謂的「有效的××十九項法則」。你在書中所看到的是一位思慮縝密的天才玩家，顧慮周全，終其一生都在為初學者勞心勞力。如同他所說的：「初學者可以看出專家所忽略的事情。」

馬斯洛挑戰了一九六〇年代的管理和心理巨擘，如杜拉克、麥克雷格、羅嘉思和李克特等人。他以一種友善、非敵意的態度，令那些大師欣然接受他的看法。杜拉克說道：「馬斯洛這本書讓我和麥克雷格變得更務實。」我懷疑這不是馬斯洛的本意，但他的確對這些大師理論提出不少質疑。

例如，馬斯洛是最早了解「工業界可以做為研究心理動態學、人性高度發展、理想人類生態學的全新實驗室」的人之一。他的先見之明確實讓人大開眼界。在最後一章他精準地預見蘇聯的垮台與美國的未來，這是因為工業的人性趨勢使然。如果美國人的人性發展優於蘇聯（請讀者記住，他寫這些日記的時候，正值冷戰高峰期），就能在冷戰中贏過蘇聯。美國人會更受世人喜愛與尊敬。

還有兩件事我必須提出。他的政治理念在今日看來也許不盡正確，但是勇氣可嘉。當他談到民主的兩難時，他問道：「我們如何面對具有優勢的個人？」「我們如何處理才賦差異的問題？」他探討的問題不僅是一九六〇年代，甚至是今日人們都極力迴避的問題。馬斯洛提出的問題非常中肯，這本書主要探討兩大主題：「人性可以允許的最好社會是什麼？」以及「社會所能允許的最優良人民是什麼？」

也許這有助於解釋我在篇首的問題：「為何這本書會再度引起如此廣大的迴響？沒有任何的宣傳活動即迅速銷售一空？」第一個問題比較容易回答。今日所面臨的組織問題較六〇年代更為複雜：全球化、激烈競爭、科技突飛猛進和變化莫測的市場。至於第二個問題，在我重讀這本書以後更為清楚。這本書提出了許多極具挑戰性的問題，而且馬斯洛認為科學的初始目標是「將真相勉強吞入喉嚨。」也許我們的喉嚨或內心已經準備好吞入馬斯洛的藥方。

馬斯洛在一九六二年出版的《邁向存在心理學》（Toward a Psychology of Being），書中的開頭是這樣寫著：「如今有個全新的觀念正逐漸浮上檯面，關於人性病態與人性健康的議題有了不一樣的想法，對此我感到極為興奮，更發現到其中無限的可能。雖然它仍未經過檢驗或確認，仍無法成為可靠的科學知識，但是我已經迫不及待地要將其公諸於世。」這段話說明了一切，預示了心理學的新方向：由個人經驗中尋求真實的真相，做一名勇敢的知者（courageous knower）。對馬斯洛來說，科學是一種生活與愛的方式——詩與去官僚化是他的目標。他是一位西班牙征服者（conquistador，譯注，十六世紀征服墨西哥與秘魯的西班牙人），多年來孤軍奮戰。他就像是過去最具吸引力的十字軍，有著無比的勇氣與魅力，永遠走在時代的前端。

他在最後一本書《科學心理學》（The Psychology of Science）中寫著：「科學比軍事警察更需要突擊部隊，他們會遭受更慘烈的犧牲，但在礦場中總有一個人第一個進入。」

科學是他的詩、他的宗教和他的驚奇。他也在《科學心理學》書中提到：「科學可以成為非宗教人士的宗教信仰，非詩人的詩作、非畫家的畫作、嚴肅人的笑話、害羞而壓抑者的交合。」

我大量地引用馬斯洛的著作，因為他的著作就是他的生活，要認識一個人就是與他的作品打交道。我第一次認識馬斯洛是透過他的一本書。當時我是安提區學院（Antioch College）的學生，有一堂麥克雷格的指導課，他是當時的校長，介紹我一本由馬斯洛與米特曼（Mittelman）合著的心理學書籍。

這本書為心理學帶來了新鮮的空氣；因為這本書使我一頭栽進心理學的浩瀚領域。我一直記得這本書的扉頁有兩張照片；一張是在醫院嬰兒房中，一群快樂的新生嬰兒；另一張則是一群成年人，憔悴、疲憊、面黃肌瘦，一窩蜂地擁進紐約地下鐵，面露凶光，拉著吊環。在照片的下方寫著一句話：「發生了什麼事？」這正是馬斯洛畢生要解決的問題。

這就是我與馬斯洛的第一次接觸；最後一次則是在一九六八年的春天我與他在水牛城碰面，當時他正要去愛荷華的科倫布市探望他的新生孫女。「我必須做一個重大的決定。」他知道寫作必須花費全部的心力完成。他質疑道：「我已經寫出我所期望的好作品嗎？」後來塞嘉食品公司的董事長兼執行長比爾・萊富林（Bill Laughlin）邀請他到加州，他才做出決定。他說：「我猶豫了很久，後來得到貝塔的同意，我決定推掉幾所大學的邀約，決定專心寫作。」他繼續說道：「我讓自己與外界隔絕——不去哈佛也不去布蘭迪斯大學。我希望能完成生命中的最後一首歌，甜美而愉快。」

從第一次與他見面到最後在水牛城的訪談，每一次都令人感到如此地溫暖與美好，難以忘懷，貝塔總不忘記提供美味而豐富的餐點。馬斯洛用他柔軟、害羞、試探性的語氣說出極具前瞻性的話語。與馬斯洛一家人共享早餐，彷彿達到了「智性涅槃」（intellectual nirvana）的境地——無限量的美食與永無止境的談話——讓我從中得到了能量，好像要飛了起來。

馬斯洛一直保有小孩般的天真與好奇——總是揚起眉，面露驚訝的表情。馬斯洛曾在文章中談到赫胥黎，我認為這段文字其實就是他的自我描述：

「容我再次說明赫胥黎所展現出的一項特質——他真的是一位了不起的人，不但認清自己的才華，更能完全地將其發揮到極致。他覺得每一件事物都非常地有趣，就像是一個年輕人，把所有事情都看成奇蹟般地讓人好奇不已。他常說：『太不可思議了，真的是太不可思議了。』他以寬廣的視野、單純的天真、驚恐與幻想、渺小與謙卑的體現與態度去看待世界，然後再以平靜，無懼的步伐，朝向自己的目標邁進。」

馬斯洛也為心理學開闢一條全新的道路。許多他所創造的名詞與概念，如今都已廣為人所接受，成為全國通用的語言：需求層次、自我實現、高峰經驗等。他的理論已被歸入人本心理學（Humanistic Psychology）的範疇，被學者譽為心理學的第三勢力。

安東尼·蘇提區（Anthony Suich）最近就談到：「馬斯洛是繼佛洛伊德後最偉大的心理學家。本世紀的後半段是他的世代。」如果說前半世紀的現代心理學開啟了人類理智與情感的研究，馬斯洛則穿透了深層的迷霧，有了更清楚的詮釋。他寫道：「因為佛洛伊德、阿德勒、榮格和卡倫·荷妮，使我們累積了大量精準的實驗，但是有大部分的實驗沒有牽涉到長久以來的人性問題，這些研究只是做給其他學者看的。這讓我想起有一位女士去動物園參觀，她問管理員河馬是公的還是母的。「這位太太，」管理員回答說：「這個問題只有與另一隻河馬比較才有意義。」」

對我來說，也許對所有人本心理學專家而言，馬斯洛的核心概念在於將人性重新注入科學當中。他在《邁向存在心理學》一書的結尾寫道：「整個世界和全體人類的經驗都必須加以公開研究。任何的人性研究都不應該將『個人的』經驗排除在外。否則，我們會被迫陷入一種可笑的情境，就如同一些勞工團體對自身的限制——只有木匠可以碰觸木材。如此一來，新的原料與新的方法反而會造成反抗或是可怕的災難，而非機會。在某些原始部落中，每個人都在親屬關係制度中，占有一個位置。如果一個新進者無法取得這樣的位置，除了將其殺害，別無他法。」

對馬斯洛或所有人而言，人類的主要任務就是成為最好的自己，一個人不可以模仿馬斯洛、傑佛遜或是其他偶像，他必須成為最好的自己。這是他所能做的，而且是必要的，因為沒有人會與他競爭。

馬斯洛強調的是一種宗教性、神秘性與超自然的追求，他希望人們成為人性潛能的掌控者，而非受到暫時性的非人性機構，如科學、企業或是教堂所霸占。他引用了瑞萊克（Rainier Maria Rilke）的話：「如果你每天的生活都乏善可陳，不要怪罪生活，應該怪你自己；你不夠詩意，無法發現生命的富饒，在上帝的眼中，沒有貧窮、沒有地方是無聊而不重要的。」

馬斯洛給了我們兩項重要的禮物：更有人性的藝術與科學，以及心靈的民主化。這是我們永遠也無法回報的。

01

論自我實現

簡單的說，正確管理人類工作生活以及謀生方法，可以改善人類以及這個世界，並進而達到一個烏托邦式的理想境界，不斷革新技術。

我們從自我實現的人身上學到，最理想的工作態度來自於適宜的工作環境。這些高度進化的個人將工作融入自我的定義中，工作已成了自我的一部分，而這個自我是個人對自己定義下的自我。工作具有心理治療（psychotherapeutic）以及心理內化（psychologic）的功用（使人們成功地邁向自我實現）。就某種程度上而言，這是一種循環關係，譬如，有一群優秀的人在良好的組織中工作，而工作可以進一步改善人們。接著就能改善整個產業，並進一步改善產業內的個人，如此循環不已。所以簡單的說，正確管理人類工作生活以及謀生方式，可以改善人類以及這個世界，並進而達到烏托邦式的理想境界。

很久以前，我就放棄透過個別的心理治療來改善世界或改善人類的想法。這種方式本來就行不通。但實情是，從人數上就辦不到，尤其有很多人並不適合作個別治療。於是我寄望以教育的方式，將烏托邦式的理想目標擴及人類全體。後來我想到將個人心理治療視為最基本的研究資料，並可被教育機構應用，真正地改善人類全體。最近我才恍然大悟，教育雖然非常重要，但更重要的是個人的工作生活，因為每個人都必須工作。如果能把心理學、心理治療、社會心理等等課程應用到我們的經濟生活中，並點出一條開明的方向來改善人類全體。

這是很有可能發生的。我在第一次接觸管理文獻以及開明管理策略時，其實就已經看出管理本身已經有非常先進的論述形式，並朝向開明、綜效的方向發展。單純就改善品管、改善勞資關係、改善對於具備創造力員工的管理等方面來說，很多人即發現第三勢力（The Third Force）①確實發揮了作用。

舉例來說，我們直覺的認為彼得．杜拉克（Peter Drucker）對人性的論述與第三勢力的內容非常相近。他是藉由對工業和管理現況的觀察而做出結論，事實上他對專業的社會科學或心理學一無所知。但彼得．杜拉克對人性的了解絕不輸給羅嘉思（Carl Rogers）②或弗洛姆（Erich Fromm）③的傑出貢獻。因此可預見的是，工業現況未來將會成為研究人類心理學、高度人性發展以及理想生態學的實驗室。但我之前犯了一項錯誤，以為工業心理學（Industrial Psychology）④是草率地運用社會心理學說得出的知識。但事實卻完全相反，那裡才是知識的泉源，它取代了實驗室，甚至比真正的實驗室還有用。

心理學第三勢力

「在馬斯洛逝世二十五年以後，他的聲譽依舊屹立不搖，這是一項空前的偉大成就。相反的，像佛洛伊德以及榮格等心理學大師的理論，卻遭受強烈的攻擊。我想那是因為馬斯洛所發表的理論，仍未獲得廣泛地認同；他的重要性在於未來，也就是即將而來的二十一世紀。」

——威爾斯（Colin Wilson）

馬斯洛經常被奉為「心理學第三勢力之父」。第三勢力（指人本心理學，Humanistic Psychology）的理論有別於行為學派與佛洛伊德學派。馬斯洛窮極一生發展全新的人性哲學，重新認知並發展人性特質，也就是同情、創造力、道德、愛和人類其他特有的本質。馬斯洛博士同時也是一位走在時代前端的科學家。發表任何新論述以前，都經過反覆的思考，嚴格的測試各種假設以及正反兩面的論調，所以他的主張無論是在管理、組織發展、教育、健康、科學以及心理方面的探討，都有很大的影響力。

馬斯洛對於某些關於人性那種玩世不恭，以及黑暗的形象描述感到不能苟同。他認為，所謂古典的佛洛伊德學說或新佛洛伊德學說，對人類本性的描述都不夠成熟。以下是他最著名的引言，完整地說明第三勢力的概念：

「音樂家必須創作音樂，畫家必須繪畫，詩人必須寫詩，雖然最後終將歸於沉寂。一個人能成為什麼，就必須成為什麼。我們可以把這種需要稱為自我實現。那是一種想要充實自己的欲望，把自己變成有潛力的人：變成自己想要的樣子。」

當然，另一面也是真實無誤的，遠超過彼得．杜拉克所理解。裡面隱藏許多有如金礦般的珍貴研究資料，可以提供給這位工業心理學家以及管理理論學者應用於經濟市場中。我想彼得．杜拉克和他的同事可能是看到科學心理學就馬上放棄。其實可以明顯看出，有些騙人的玩意以及沒有意義的回聲，對複雜的人性來說是毫無用處的，但丟掉這些無意義的心理學理論，等於是把裡頭價值不菲的金礦也一起丟棄了。

我一直還存有很高的道德理想，試著將科學和人性、道德目標結合在一起，努力的改善人類及整個社會。對我來說，工業心理學開啟了新的視窗；代表新的資料來源，內容豐富。同時也讓我先前以臨床研究所得出的假設和理論提供了實證的基礎。另一方面，它就像一間全新的生活實驗室，讓我可以不斷進行研究，了解古典心理學所隱含的一些問題，例如學習（learning）、動機（motivation）、情緒（emotion）、思想（thinking）以及行動（acting）等等。

這是我回答迪克．法森（Dick Farson）提問時的部分內容，他曾問道：「為什麼你要跳過這些東西？你要尋找什麼？你想要拿掉什麼東西？你想加進些什麼東西？」經由這些問題，我發現了達到開明思考的另一條路徑。

工業情境比個人心理治療更適於自我成長的達成，因為它能提供同化與自發性滿足。心理治療過於注重個人發展、自我與認同等議題。我認為無論是創造性教育或創造性管理，都不應該侷限在個人的發展上，而是透過所屬的社區、團體以及組織，這些才是達成自我成長的有效管道。當然，對於無法進行象徵心理治療（symbolic psychology）、心理分析與頓悟治療（insight therapy）⑤的人尤其重要。至於智能不足、只能具體思考的人，都無法採用佛洛伊德方法治癒成功。所以當個人治療師束手無策時，一個好的社區、好的組織、好的團體往往能提供更有用的幫助。

①**第三勢力：**指人本心理學（Humanistic Psychology），傳統上將行為學派（Behaviorism）稱為第一勢力，精神分析（Psychoanalysis）為第二勢力。人本心理學主張以正常人為研究對象，強調個人的經驗、價值、欲念和情感等才是心理學的研究主題。人本心理學的目的則是促進個人成長，達成自我實現以造福社會。

②**羅嘉思：**美國心理學家，首創非指導式諮商（nondirective counseling），又稱為受輔者中心治療法（client-centered therapy）或當事人中心治療法（person-centered therapy）。強調在心理治療的過程中，治療者只傾聽當事人的敘述，不作任何評斷；並創造一個無拘無束的環境，並給予當事人支持與鼓勵，讓他自行說出心理的困擾。羅嘉思的主張改變了傳統治療者與當事人的對立關係，使治療者與當事人處於平等的地位，以激發當事人自我成長與自我實現的潛能。

③**弗洛姆：**德國心理學家和社會哲學家。他認為個人的性格深受社會文化的影響，有什麼樣的社會，就會塑造出什麼樣的性格。他指出人有五大需求：相屬需求、超越需求、生根需求、統合需求和定向需求，這是個體健康發展的基礎，但是社會體系卻無法同時滿足這些需求，因此彼此之間便產生了衝突。此外他認為有五種不同類的性格：依賴性格、掠奪性格、囤積性格、市場性格與生產性格。具備生產性格的人具創造性、自主性，是最健康的性格。

④**工業心理學：**屬於應用心理學的一支，主要是運用心理學的理論與方法，研究工作者的行為和心理，藉以解決問題、提升生產效率。

⑤**頓悟治療法：**在心理治療的過程中，當事人可以隨意地說出內心的困擾與矛盾並自我檢討，直到當事人了解頓悟隱藏的問題之後，原有的心理失常現象即消失。

02 何謂自我實現

做好愚蠢沒價值的工作，當然算不上是一項真正的成就。我喜歡我自己的格言：不值得做的事，就不值得做好。

最近陸續和學生與教授談過，他們都想和我一起進行「自我實現」的研究工作。不過我對於他們的態度感到質疑，甚至可以說非常沮喪和失望，對他們完全不抱任何期望。這是我長期跟滿腦子幻想的半吊子實際接觸後，所產生的結論——這些人總愛講大話、畫大餅、具備無窮的熱誠。但是當你要求他認真研究時，卻拿不出任何成績來。所以，我以不鼓勵、不客氣的口吻直接說明我的態度。對於半調子的人（和工作者、實行家相反），我也直接表明對他們的輕視態度。

對於那些空懷大志的人，我常常分派一些看起來好像很愚蠢，其實相當重要而且值得去做的事。結果，二十人之中有十九個沒有通過這項測驗。後來我發現，這不只是個測驗而已；如果沒通過這個測驗，就必須完全放棄他們。我勸他們不如加入「負責任市民聯盟」（League of Responsible Citizens），打倒虛有其表和光說不練的人，以及上了一輩子的課卻沒學到任何東西的學生。這項測驗對任何人都具備一項意義：你可以藉此知道他是不是一棵蘋果樹——他會長出蘋果來嗎？他會結出果實嗎？從這個過程當中，我們可以分辨多產與貧瘠、空口說話與真正做事的人之間的差異，並找出誰能改變世界，而誰又對改變毫無幫助。

另外一點就是關於個人救贖（personal salvation）的話題。舉例來說，在聖羅莎（Santa Rosa）所舉辦的存在主義會議，談論了很多；我曾經毫不客氣的提出反駁，表明我對尋求救贖者的不尊重。他們極度自私，對社會和對世界毫無貢獻。在心理層面上，他們也是愚蠢而錯誤的，因為尋求個人救贖並不能真正達到個人拯救的目的。唯一的方法應該是我曾經在書裡面談到的，就是日本電影《生之慾》（Ikiru，日本導演黑澤明的作品）所透露的，只有辛勤工作並全心投入上天和個人命運召喚你去做的事，或任何值得去做的重要工作，才能達到個人救贖。

我也褒揚過一些英雄人物，這些人不只獲得個人救贖，也受到所有認識他們的人誠心的尊敬與關愛。他們都是優秀盡責的工作者，而且在所處的環境裡也沒有任何不快的情緒。也就是說，藉由對重要工作的全心投入而達到自我實現的行為，是抵達人類幸福的唯一道路——與直接尋求幸福不同；幸福是一種附帶現象、一種副產品，不需要刻意去追尋而是德行的間接獎賞。另一種方式——刻意尋求個人救贖——就我的觀點來看，這種在洞穴中進行內省的方式，對任何人而言都是行不通的。我不否認，這對印度人和日本人也許行得通，但在我過去的經驗中，這對美國人沒什麼用處。就我所知，快樂的人就是完成他認為重要的工作。另外，在我的著作和之前的文章中也提過，所有關於自我實現的主題都強調這一點：這些人的超越動機（metamotivation）①來自於超越需求（metaneed），而這些需求則源自於對重要工作的投入、奉獻和認同。每一件案例均是如此。

也許我可以大膽地說：救贖是自我實現工作和自我實現職責的副產品（現代年輕人的問題是，自我實現的觀念對他們而言，就像是一道閃電，突然擊中他們的腦部，而他們什麼事也沒做。他們似乎都想被動地等待它自動發生，而不想靠自己的努力來實現。另一方面，他們在不知不覺中認為自我實現就是：擺脫禁令以及控制，支持任性和衝動。我對他們已失去耐性，這些人不執著、不堅持、不能忍受失敗。很明顯的，他們所認定的特質剛好和自我實現相反，也許我應該多談一談有關這方面的議題）。

其實，不需要像東方人如中國人或日本人般努力消除自我認知或自我意識，就可達成自我實現、超越自我。自我實現是自我的追求與完滿，並達成自我性（selfness），也就是最終的真實自我（real self）。它解決了自私和不自私、內在和外在之間的分歧——因為達成自我實現的目的已被內化，成為自我的一部分，因此世界與自我已不再有分別。內在和外在世界融為一體，也沒有主觀與客觀的差異。

我們曾經和一名住在大梭溫泉（Big Sur Hot Springs）的藝術家聊過，他是一位真正的藝術家、真正的工作者和真正的成功者，在自我實現這方面的思想非常先進。他一直催促貝塔（我太太）「親自」動手雕塑，不理會她任何解釋或藉口，認為這些論調聽起來都太花稍、太高調了。「成為藝術家的唯一方法就是工作、工作、再工作」。他特別強調自我約束、勞力和流汗。

他不斷重複一句話：「聚沙成塔。」用木頭、石頭或黏土做出一些東西，如果覺得作品很糟糕，就把它扔掉，總比什麼事都不做來得好。他說，他絕對不會收一個連續幾年都不自己動手做的學徒，和貝塔道別時也不忘提醒她「聚沙成塔」。他要她應該吃完早餐後就立刻工作，就像為生活奔波的水電工一樣，每天都必須按時工作，如果沒有做好，就會被工頭開除。「你應該以討生活的認真態度去做這份工作。」很明顯的，這個傢伙是個怪人，講話豪放不羈。不過，你必須重視他，因為他擁有一樣寶貴的東西——他並不是一個光說不練的人。

當我們談話時，貝塔提出了一個相當不錯的研究構想：假設有創造力的人喜歡自己的工具和材料。這是可以測試的。

這是個好問題：為何人們不創作或工作？反過來說，為何要創作？每個人都有創作和工作的動機，包括小孩和大人。這點項假設已經成立，現在必須解釋其中的禁令和阻礙，是什麼原因阻礙人們的創造動機？

另一條思考方向：關於匱乏動機（D-motivation）②創作者，我一直以為他們擁有特殊才能和天賦，與健康和個性無關。但現在我覺得還有努力工作和意志力這兩項因素，有些人就以大膽而自傲的態度，認為自己是藝術家，於是他就真的成了藝術家，因為他像對待藝術家般地對待自己，所以自然而然的，每一個人就跟他有同樣的想法。

我們低估了人類

「我們每一個人都有與生俱來的需求，渴望體驗更高的價值；就像我們一出生，每天都需要吃一些含鋅含鎂的食物一樣。其實，我們追求更高層次價值以及動機的需求，是天生的。每個人對美、真相、公正等價值都有本能的需求。如果我們可以接受這樣的觀念，那麼關鍵問題就不會是：『什麼力量引發創造？』而是為什麼不是每個人都有創造力？」

——馬斯洛

根據馬斯洛的理論，有關學習，創造力、光明正大、責任以及判斷力等特質，都是與生俱來的。但是為什麼進行組織設計時，都假定人習慣逃避責任、只執行被要求的事，拒絕學習，無法做正確的事？

很多人也許相信每個人都具有無窮的潛力，人是企業最大的資產。如果是這樣的話，為什麼我們還得不斷的改造企業，達到我們可以控制、滿意的狀況?或我們為什麼沒有辦法讓員工貢獻最大的能力？

好幾世紀以來，人們的潛能一直都被低估了。

假如你覺得自己在這世界上很重要，你自然就會變得很重要。你讓自己變得很重要，等同與你心中所內化的重要性。如果你死了、生病了、不能工作，都會有很大的影響。所以你必須好好照顧自己、尊敬自己、多多休息，不要抽太多菸或喝太多酒，自然就不會想要自殺——這是非常自私的做法，對世界而言更是一項損失。你是被需要的，是有用的。這是讓你覺得自己被需要最簡單的方法。有小孩的母親通常不會像沒小孩的人，那麼想要自殺。在集中營裡的人，通常都背負重要的任務，為這份責任或是其他人而活。所以他們必須存活下來，另外一些人卻自我放棄而陷入麻木的狀態，最後毫無意義的死去。

建立自尊的一劑簡單藥方，就是讓自己成為重要的人物。你可以大聲說：「我們聯合國」或「我們治療師」。當你能說出「我們心理學家可以證明」自然就會享受到榮耀、快樂，並以身為心理學家為榮。

這種對重要目標、重要工作的認同以及內化，可以擴大自我，使自我變得重要，也可以彌補真實存在的人類缺點，包括智商、才能以及技術。例如，科學是一種社會制度，強調勞力分工，開發性格的差異——使無創作力的人變得有創作力、使不聰明的人變聰明、使微不足道的人變偉大、使能力有限的人變得神通廣大。任何科學家都需要獲得基本的尊重，無論他的貢獻是如何的渺小，因為他是大型事業的一分子，因參與其中所以必須獲得尊重。換句話說，他代表此事業，就像是一位大使，這裡有一個很好的例子：來自一個重要國家的大使所受到的待遇，往往好過那些來自愚笨、沒效率又腐敗國家的大使，雖然他們一樣是人類，也都擁有相同的缺點。

同樣的，一位來自戰績彪炳的軍隊的士兵所受到的待遇，一定也跟另一位來自常打敗仗軍隊的士兵相反。其他像科學家、知識分子以及哲學家，也都是一樣的情形。雖然他們的單一力量微弱，但集合起來也能凝聚出一股非常強大的力量。他們代表一支勝利的軍隊，代表改革的社會，準備創造一個新社會，他們因為參與英雄事業而成為英雄。他們找到了使渺小人物變偉人的方法。因為世上只存在渺小的人（在各種階層上），或許對重要目標的參與和認同，才能使人覺得健康、擁有穩固的自尊。

為什麼人們無法創造或創新？

「問題的重點不是『什麼因素引發創造力？』而是為什麼不是每個人都有創造力？人的潛力遺失在哪？它是如何癱瘓的？所以，我想一個好的問題應該不是『為何人要創造？』而是『為何人不創造或創新？』其實，當有人創造某樣東西時，我們不該像看到奇蹟般的感到不可思議。」

——馬斯洛

全世界的董事會、領導團隊和企管顧問都強調創造和創新管理。如果我們相信馬斯洛的說法，創造及創新都是人與生俱來的潛能，那麼我們所找尋的答案就會完全不同。

也許我們應該開始尋找扼殺創造力和創新能力的殺手，而不是嘗試改變員工。在跨出正確的第一步時，應該問：「為何員工無法在現有的工作環境中發揮創造或創新的本能？」這個問題讓我們想到一個關於彼得．杜拉克的故事，他是一個傳奇作家及諄諄不悔的教授。有一次，他向一群非常老練的經理人演講時提到，如果有人發覺自己公司裡有「枯木」，請舉手。當時很多人都舉了手。杜拉克接著問：「這些人是你在面試之前就是枯木，或是進入公司後才使他們變成枯木的？」

山姆．史德（Sam Stern）是奧瑞岡大學教育系的教授，也是創造力議題的專家。他認為企業最重要的工作是不要壓抑員工的創造力。美國林務局（The U. S. Forest Service）的建議系統（suggest system）是個很好的例子。原本員工若要提出一項新的服務或流程改善方案，就必須填寫長達四頁的建議表格。以一家擁有二千五百名員工的公司來計算，過去四年來只收到二五二件提案。也就是說，一個員工平均四十年才提出一項建議！

因此林務局改變做法。一有建議案要提出，員工只需寫個簡單的摘要，透過電子郵件傳給負責的主管。如果在三十天以內，員工得不到任何回應，只要提案合法就可直接付諸實行，不需經過公司高層的核可。開始實施新構想後的第一年，就收到六千件提案！所以，在你提出「為何員工不創造或創新」的疑問以前，其實應該先檢討，公司的制度或作業流程是否壓抑了他們創造及創新的潛能。

這和我所認為的「責任就是對客觀情境的客觀要求所做的回應」有關。「要求」（requirement）代表渴求適當的回應，這就是人們所具備的「需求性格」（demand-character），是自我實現者所具備的自我覺察個性或氣質，使人感覺有一股巨大的推動力要把事情做好做對，覺得肩膀上有一股重大的責任。具備這種性格的人，覺得有必要修正牆上歪曲的圖畫。就某種程度來說，這是對自我存在的認知。在理想狀況下會產生同構的現象（isomorphism），這是一種個人與自我實現（目標、責任、命令、職業和任務等）之間的相互選擇狀態。每一項任務需要一位最能勝任這項任務的個人，就像鑰匙與門鎖的一對一關係，這個人對此項要求也最有感覺，對此召喚能有所回應，能感應其波長。這是一種相互影響、相互適應的作用，就像一段美好的婚姻、良好的友誼，彼此因為對方而存在。

如果一個人否定這項獨特的責任會如何？如果他不接受這種召喚呢？或是他聽不進去任何事呢？我們在這裡當然可以說，這是天生的罪惡或是不適應性。但是就像狗想用後腿走路，詩人想變為成功的生意人，或生意人想成為詩人一樣，就是不對勁、不適合，根本不屬於該領域。

你的行為必須和你的命運相配合，否則就會付出沉重代價。你必須讓步，必須投降，你必須承認自我是早被選擇的。

這些都非常符合道教思想，但我覺得它是對的。在麥克雷格（Douglas McGregor）的X理論中，責任和工作被視為勉強承受的負擔，人因為某種外在的道德，或被認為「應該」、「必須」而被迫去做，而非出於自然的意願、自由意志，因此沒有任何喜悅或舒服的感覺。但在理想狀況下——達成健康的自私、最深沉、最初始的動物性自發性和自由意志、可以傾聽內心衝動的聲音——一個人會積極地掌控自己的命運，就像挑選妻子一樣。

這種對自己命運的順從——信任自己對另一半的回應所產生的感受——就像相屬的兩人在擁抱一般。在愛的擁抱和交合中，主動與被動的對立被轉化與消融，這是最理想的狀態。意志與信任的分歧也獲得解決，西方與東方的差異不復存在，自由意志與命運也不相互衝突——一個人願意接納個人的命運。更好的說法是，自己能認清被命定的自我就是真實的自我，但是與不完整認知和整合下的自我並不相同。這是一種自愛、接納自身本質的表現。所有相屬的事物融合在一起，享受融合更甚於分離。

所以，放任——而非自我控制——與自發相同，都是一種主動，但與被動並不相互對立和分離。

麥克雷格與馬斯洛

麥克雷格在一九六〇年出了一本《企業的人性面》（The Human Side of Enterprise），他很快就被譽為X理論和Y理論之父，這兩項理論是關於管理者領導性格的分析，X理論認為管理者必須採取獨裁式領導，Y理論則認為管理者需採取合作、互信的領導原則。很明顯的，我們可以從Y理論的內容看出，麥克雷格同意馬斯洛的人性觀點，事實上，他引用了許多馬斯洛的動機層級理論，發展出Y理論的相關假設。

安德魯．凱依（Andrew Kay）一九六〇年時介紹麥克雷格和馬斯洛認識。凱依說，當他去馬斯洛位在波士頓的家時，才知道馬斯洛從來沒有和麥克雷格見過面。他覺得難以置信，因為將近有一年的時間，他們兩個還共同合作研究開明管理。凱依說，當時他立刻請馬斯洛穿上外套，一起坐車直奔麥克雷格的辦公室。

就在這一天，一場精采的辯論開始了。他們兩個不約而同的，都懇請每一位領導者照鏡子，並對他們提出一些假設性的問題。經過了半個世紀，當時的這些問題至今看起來仍發人省思：

一、你相信人值得信賴嗎？

二、你相信人願意承擔責任嗎？
三、你相信人會追尋工作的意義嗎？
四、你相信人天生就希望學習嗎？
五、你相信人不拒絕改變，但卻拒絕被改變嗎？
六、你相信人比較喜歡工作，不願遊手好閒嗎？

我們的答案將會影響所做的每一件事。我曾經向很多管理者提出這些問題。不過，令人驚訝的是，很少人願意花時間分析我們對人類的某些假設。

我們經常建議經理人以及領導階層分組討論以上這些問題，並且鼓勵他們就各種情況互相辯論或進行對話。也許每個企業都應該提出一些假設性的問題，讓員工互相討論，我覺得員工和企業價值同等的重要。

認清自己的責任或工作就像在愛情中的交合和擁抱，超越所有矛盾、對立與轉化，合為一體。這也讓我想起了達利金（C. Daly King）及他所主張的「命運的設計」（paradic design），也就是因為認命而認同事物的適切性、相屬性和正確性。

將此觀念應用於個人與其工作目標間的關係，非常困難且模糊，但若將此原則用來比較適合結婚的兩人關係與不適合結婚的兩人關係，又更加困難。不過確定的是，在相同的命運設計中，一個人的個性與另一人是相合的。

如果工作內化成自我的一部分（我想多多少少都會發生，即使有一方嘗試去阻止），自尊與工作之間的關係就會更緊密。特別是健全而穩固的自尊——價值、榮耀、影響力、重要性的感覺——必須藉由重要工作的內化而達成。也許現代人的抑鬱有大部分原因是內化的工作都是不光耀、機械化、瑣碎斷裂的工作。愈是想到自己的工作，就愈難有自傲、自愛和自尊的感覺。如果我是在一家口香糖廠、不實廣告代理商，或是製造劣質家具的工廠工作的話，就會發生以上的情形。我已清楚說明「真正的成就」是穩固自尊的基礎，但這種說法仍過於簡化，有必要再詳加說明。真正的成就代表一項有價值而高尚的任務。把一件無意義的事做好並非真正的成就。我喜歡自己所說的一句話：「不值得做的事，就不值得做好。」

專訪安妮．羅賓森

安妮．羅賓森（Anne Robinson）以少量的資金，用車庫作辦公室，和人共同創辦雲漢峰唱片公司（Windham Hill Records）。她憑著對音樂，設計和圖像的無比熱愛製作音樂，引起音樂市場很大的震撼。音樂市場的成功是以星期計算，但雲漢峰的第一張唱片在二十三年後的今天，依然暢銷。

問：你在音樂界的經驗，多少印證了馬斯洛的觀點：「一個新手往往能看到專家所忽略掉的事。所以，千萬不要害怕犯錯和天真。」

答：就是因為我們不懂唱片業，所以不按規矩做事。

問：馬斯洛說：「自我實現是一項艱鉅的工作，因為那還包括外在日常世界的召喚，而不只是來自內心的呼喊。」

答：沒錯，他說的是實話。一個人永遠處在變化的過程中。如果你是真正地在生活，就不會有結束的時候。你不斷地吸收新的資訊，培養新的經驗，並且將它們融入自己的工作以及思想中。我從經營雲漢峰所獲得的經驗是：一開始我們沒沒無聞。然而公司持續經營了六、七年。其中有幾年的時間，我們並沒有任何競爭對手。業者認為我們是艾爾法（Alpha）、歐米茄（Omega）。同時我們知道以後一定有人會超越我們、模仿和複製我們的想法。我們也知道，消費者有一天會對我們感到厭倦，將注意力轉移到其他的事物上。

我們所製作的音樂，激發人們深層的人性和哲學性情緒，有人聽了感到無比的幸福和景仰，有人則厭惡到極點。我必須知道為何會有如此的情況。當你製造一項產品時，你是在表現某種非常個人的東西，可以引發人們的個人情緒，這就是你存在目的。我必須做我擅長的工作，對這份事業我必須投入全部的情感，否則這就不是我的真理。我會因此而覺得自己只是操控消費者，但音樂不是控制。

問：你曾經提到，有人以你從來沒有想過的方式詮釋你的音樂，你當時怎麼處理這個情況呢？

答：有時你會把事情處理得很好，有時卻不然。你按照自己的想法去創作，但別人的回應卻是你從沒有想像過的。他們將你的作品變成另一種面貌，是你從未想過的，甚至是無法接受的。這時候，就必須努力的去調和兩者之間的落差。

我們的作品試圖產生知性和感性的回應。至於那些討厭我們音樂的消費者，我會認為他們真正聽過我們的音樂，並覺得足以下評論說不喜歡。相反的，我們也接觸過一些人，他們的反應就讓人覺得驚訝。舉例說，我曾經收到一位在地獄天使（Hell's Angels）工作的聽眾來信。我記得，他一開頭就寫：「我是地獄天使的員工，不應該喜歡你們的音樂，但是我真的很喜歡。」

在雲漢峰，我很高興能協助人們打開心門、喚醒內在。我想很多人都是渾渾噩噩地過日子。老實講，我並不在乎他們會去哪裡尋找刺激，將自己從睡夢中搖醒，但我的目標是喚醒他們。我想這就是馬斯洛的目標，透過他的理念可以為人們打開一扇門。

如果某個人的思考、目標或目的與你極為不同，就很難說服他，改變他的想法。但同時你必須說：「我的老天，你終於醒了，你開始在思考了。」這使我的工作變得更有價值。馬斯洛說，在洞穴裡進行自省，邁向自我實現，不會對任何人產生作用，他所探討的自我實現均是藉由重要工作而達成。

你可以說你是一位科學家，是一位生意人，不過一旦你全心投入正在做的事物，就會滿懷工作的熱情，和工作之間沒有任何距離。你必須不斷地自問：「我的研究正確嗎？當我在聽音樂時，我有用心聽嗎？我是否用誠實的心去做每一件事？」我想馬斯洛博士最大的優點是：他總是以內心的信仰系統測試科學理論。這不只是A加B等於C，而是我看見，所以我相信。

問：在雲漢峰，令人印象深刻的是，裡面的員工都是滿懷熱情和承諾全心投入工作。你所創造出來的這種工作文化，已經成為哈佛大學的教材，也被很多的財經書籍以及媒體公開報導，你是如何創造出這種令人不可思議、生產力驚人的工作環境？

答：我想這是我把內心的堅定信念和工作相互結合，所得出的結果。如果我創造一個充分授權的工作環境，員工就會全心全意地做好工作。當一個企業成長到雲漢峰這樣大的規模時，領導者都會希望員工具有遠見和誠實的態度。

回顧過去，我想雲漢峰的員工也都了解，我們所做的音樂和其他業者不太一樣。員工知道自己做的音樂對人們有意義。我強烈地感覺到，自己做的任何一件事都有長遠的價值。我想這裡的員工以此信念為榮，產品反映出我們的價值。不只是員工，我想所有我們的創作者、供應商也都擁有相同的經營理念。

和博德曼集團（BMG）合併以後，我面臨到很大的掙扎，我有多套計畫，並且設定了最後的財務底線。我明白自己必須努力在這個新的企業架構下，維持雲漢峰原來的價值，否則會很痛苦。

①**超越動機：**自我實現的個人在基本需求獲得滿足後，會追求更高層次的動機，也就是尋求存在價值（B-values）的滿足，如真、善、美等；又稱為成長動機或存在動機。

②**匱乏動機：**滿足基本需求（低層級需求）的一種低層級動機。馬斯洛將自我實現以外的四種需求均納入匱乏需求（deficit needs）的範圍，這些需求是因個人不足而希望努力去取得，獲得滿足後就不再感到有所欠缺。

03

自我實現補述

每一個年代都有自己的典範和理想。但這一切都被我們的文化所摒棄；包括聖賢、英雄、紳士、武士以及神秘學家，也許我們應該把他們當做是我們邁向自我成長及自我實現的導引和範本，完全發揮人性潛能，自由表露內心本質。

自我實現的工作若同化於自我認同之中，或經由投入作用（introjection）①同化於自我之中，就具有治療或自我治療的功用。當自我實現的工作成為內心自我的一部分時，你不必與內心自我直接交涉，仍能達成自我實現的目標。也就是說，人們會將內在的問題投射於外在世界，使其成為外部問題，如此才比較容易處理，也不會產生焦慮；比起內省（introspection）②方式，較不會有壓抑感。事實上，我們常常不知不覺地把心裡的問題投射於外在環境。以一兩個最簡單、最被接受的例子來說：

第一，藝術家。大家一定都同意，他們通常會把內心裡的問題投射於畫布上。

第二，許多知識工作者也有同樣的情形，他們很多時候都不自覺的把一些內在的問題，投射到所做的每一件事上，只是他們沒有意識到罷了。

①**投入作用：**個人認識外在的客觀世界之後，加以吸收並內化成為他內在的主觀經驗。

②**內省：**個體陳述自己的經驗，心理學家藉此研究個體的內在心理歷程，又稱「自我觀察」。

04 不同需求的管理方式

每次一有新發明、新發現，都會造成一陣騷動。原本安穩過日子的人就覺得被驚動、被打擾。很明顯的，任何偉大的發現或新發明，或任何被要求重新架構的建議，都不會被接受。

如果人類能夠成長，渴望成長，那麼杜拉克的管理原則就沒什麼不妥。不過，它卻只適用於高層的人性發展。杜拉克理想化地假設一個人滿足於過去的需求，當他逐漸成長後，會滿足於現在的生活情境。他現在獲得的是安全需求（safety-need）的滿足感（不焦躁、不害怕）；他得到歸屬需求（belongingness-need）的滿足感（不覺得被疏離、被排斥、被孤立或離開群體；他適合這個家、這個團體、這個社會；他不是一個不受歡迎的入侵者）。他獲得愛需求（love-need）的滿足感（他有很多的朋友、好朋友、一個舒適的家庭生活；他感覺自己值得被愛，也能夠去愛別人──這裡所指的是在企業裡的一些情況，而不只是一般羅曼蒂克的愛情）。他獲得尊重需求（respect-need）的滿足感（他感到被尊重、被需要，覺得自己很重要等等；他感到自己得到足夠的讚美，並且希望得到所有他應得的讚美與獎勵）。他獲得自尊需求（self-esteem-need）的滿足感（事實上，這種情形不常發生在我們的社會；大部分人都不自覺，沒有足夠的自愛與自尊的感覺。不過美國人在這一點上，還是比其他民族，譬如說墨西哥人好一點）。

另外，美國人普遍都具有好奇心，以及吸收新資訊和知識的需求，他們接受了教育的薰陶，所以如果他願意的話，就可得到滿足，或至少寧願獲得滿足。

但我們現在就要問了，對另外一些沒有需求滿足感的人來說，適用什麼樣的管理方式？譬如說，對一些渴望擁有安全需求的人，他們感到害怕，感覺大災難隨時會來臨，例如失業。當員工不能互相認同，彼此猜忌，彼此懷恨時怎麼處理——這種因為階級不同所造成的衝突，在法國、德國、義大利等地常常發生。

顯然地，不同的階級就應該適用不同的管理方式，我們不需要專門為低需求層級的人提出另一種管理理念。這裡最主要的目的是想針對個人發展的高層理論有更明確的定義。

05 什麼是開明管理

假設每個人都想成為積極的行動者，而不是被動的助理、工具或是隨波逐流的軟木塞。

1. 假設每個人都是可信任的。

並不是假設世上的每個人都是可信任的——也沒有人完全不可信任。我們假設個人存在差異性；假設依據特定計畫而挑選出的員工是較成熟、健康，又具備良好的修養。這項假設的前提是有良好的環境。我將在隨後章節清楚說明。

2. 假設每個人都盡可能被完全告知所有事實的所有真相。

在開明管理中，這是一項非常明確的假設——人們需要知道真相，知識對他們來說是有益處的。真相、事實和誠實具有治癒效果，讓人備感舒服與親切。

3. 假設你的員工都有達成目標的衝動。

在這裡可以討論完形（Gestalt）①動機理論，也可參考維布倫（Thorstein Veblen）②所著的《作業本能》（Instinct of Workmanship）。另外說明追求完美與改善不完美的衝動。在大部分人身上不是缺乏衝動，就是不夠衝動，但是組織必須選擇擁有合理衝動的員工。為了避免看到任何不實際、過於樂觀或過於悲觀的情緒，必須了解什麼是沒有衝動或衝動不足的人，包括心靈破碎、無助、遭受打擊、創作力降低、心情煩躁、害怕、精神錯亂、精神病患者、毫無審美觀的粗人，以及心智不完整的人等等。

4. 假設在叢林和獨裁環境中，沒有支配——從屬層級。

所謂的支配是指黑猩猩式的支配，像兄長愛護弟妹一樣負責、有感情。叢林觀點盛行的環境，開明管理的方式絕對行不通。如果所有人都轉化成斧頭和砧板，小羊和大野狼等關係，那麼兄弟之情、共享目標和認同群體就變得相當困難，甚至是不可能的事。一定有一種能力可以讓全體人類互相認同對方，使全人類融合在一起。集權獨裁者不認同任何人，至多只認同自己的血親。因此獨裁者必定會遭受排斥，否則就需要改變。

5. 不論處於何種層級中或組織內的位置為何，假設每個人最終都有相同的終極管理目標並認同。

在此說明層級——整合原則（hierarchy-integration）如何取代極化—分化原則。舉一個皮亞傑（Piaget）③日內瓦小男孩的例子。他知道某個人是日內瓦人或瑞士人，但必須到他長大才能明白某個人是日內瓦人也是瑞士人，他才了解某物可與另一物整合或包含另一物。也許我們可以討論語意學者的多重價值和二元價值邏輯。我們還必須了解專門研究團隊合作和組織認同相關的心理動力學（psychodynamics）④。例如「我願意為老路傑斯而死。」或者我們試舉軍隊的例子，他們都是愛國主義擁護者，也知道每個人的最後目標都是贏得勝利，即使是犧牲生命也在所不惜，但每個人會依據自己的能力，尋找最佳的解決辦法。這是問題導向而非自我導向，譬如有人問：「什麼是解決問題或達到目標的最好辦法，而不問什麼是對我自己，對我個人是最好的？」

6. 假設員工和員工之間的關係都很和善，不互相對抗或嫉妒。

我以同胞爭寵（sibling rivalry）⑤為例，說明良好但不成熟的衝動如何導致心理疾病。兒童需要母親的愛，但他不夠成熟，不了解母親可以把愛同時分給其他的孩子，因此他有可能去敲弟弟的頭。他並不是真的仇視自己的弟弟，只是渴望擁有母親全部的愛。兩歲到三歲的幼童會對新出生的嬰兒進行攻擊，卻不會敵視別人家的嬰兒。由此可知，他並非敵視所有的嬰兒，只是針對搶走母愛的兄弟姐妹。當然在我們長大以後，都會慢慢了解到，母愛可同時分給每一個孩子，但這需要經過一個相當程度的心理發展。擺脫組織或團隊內的同胞爭寵情形，也必須具備高度成熟的人格。

6a. 假設綜效的存在。

綜效（synergy）可以化解自私和不自私，或自私和利他主義之間的分歧。我們常常假設一個人得到的愈多，另一個人得到的就愈少，自私的人通常比不自私的人缺乏利他主義，但如果有適當的制度以及社會結構，就可改善此種情況。我們可以建立一種組織，使每一個人在追求自己的興趣時，也能嘉惠他人。同樣的情況，當我嘗試對別人有利或仁慈時，也會不由自主地讓事情對自己有利或符合自己的興趣。

舉例說，在印第安黑腳族（Blackfoot）裡，「贈予」（giveaway）就是一種綜效制度，他們可藉此獲得榮耀、尊敬以及關愛。我們每個人或他們自己都可以看到，在一年一度的太陽舞節慶（Sun Dance）⑥中，黑腳族可能會為了這一天的到來，而整年辛勤的工作或把賺來的錢存起來，為的就是要在初夏舉行的太陽舞節慶中，端出一大盤的食物，分贈給族人。從這個例子看來，他們對有錢人的定義是：非常慷慨地將自己的財物或想法與別人分享。最後，他的口袋裡可能一毛錢都不剩，但他卻被認定為一個很富有的人。他不斷向族人證明自己如何利用自己的智慧得到財富、證明自己是多麼的聰明，因而贏得別人的尊敬和愛而使自己受益；很快的他又變得非常富有。在部落裡最受尊敬的人，通常是付出最多的人。

而在他付出所有東西之後，又將如何自處，如何生存呢？其實，他擁有每一個人的尊敬，族人會為他的存在而奮鬥，招待他的人會覺得備感光榮。他是個智者，他在營火前教導孩童的行為被視為是上帝的恩賜。因為他的技能、智慧、認真以及慷慨，不僅使他自己受益，更能澤被於他人。對印第安黑腳族來說，任何一個人發現金礦，都會讓每一個人覺得快樂，因為他會和其他人一起分享這些寶貴的金礦。相反地，在我們今天的社會中，人們往往在發現金礦後就趕快躲起來，與別人隔離，既使和自己最親近的人也不例外，因為他們不想和別人一起分享這些金礦。

所以我認為如果要摧毀一個人，最好的辦法就是突然給他一百萬。因為只有意志力堅強以及絕頂聰明的人，才有能力妥善地利用這筆意外之財。大部分的人都會因此失去朋友、家人，以及其他有形無形的東西，甚至在不知不覺中失去他憑空得來的一百萬。

開明的經濟學一定要建立一套對所有人都有益的綜效制度。什麼是對通用汽車最有益的，馬上就要想到是否也對美國有益。對美國有益，是否也對這個世界有益；對自己有益的，是否也對別人有益。依此種標準，我們可以針對每一種社會制度進行有效的選擇與分類。哪種制度可達到綜效？哪些制度不行？根據杜拉克的理論，開明經濟學有助於綜效性管理原則的建立，但他自己可能沒有察覺到此點。

綜效一點也不單純

馬斯洛認為「綜效」是指在某種文化中，對個人有益的事對每個人都有益。高度綜效的文化是安全的、有益的、高道德標準的。低綜效文化則不安全、衝突不斷且道德標準低。

在馬斯洛的企業管理理論中，綜效概念愈來愈重要，因為他發現太多的企業文化，必須犧牲他人的成功來成就某個人的成功。馬斯洛夏天拜訪非線性系統公司（Non-Linear System）期間，親眼目睹高度綜效的企業文化。這個由安德魯．凱依以及他同事所辛苦營造的工作環境，使馬斯洛想起他對印第安黑腳族的研究工作。

事實上，馬斯洛對綜效這個議題的概念，大都來自印第安黑腳族的啟示，他們的文化已達到完全的綜效。他也發現，現代文化和印第安黑腳族文化有著強烈的對比。

- 強調慷慨是這個部落最有價值的美德。累積財富和知識的人得不到讚美。只有把自己的資產、知識以及財產分送給同胞的人，才能在族裡獲得名望與安全。

- 經過不斷的測試，馬斯洛發現黑腳族人不會有自我懷疑（self-doubt）以及自我意識的問題，然而身處激烈競爭環境的現代人卻常常有這方面的困擾。每一個族人清楚自己的優點和缺點，同胞們不但不會排斥這些缺點，反而會把缺點看成是人性的一部分。
- 在黑腳族裡，他們從年輕開始就很重視個人的責任感。父母親從小就以關愛和支持的態度，鼓勵他們的小孩去做自己想做的事。
- 黑腳族輕易地把整體部落的需求和族裡每一個人的需求相互結合。
- 黑腳族需要的不是擁有相同能力的領導者，而是依據不同功能選擇不同能力的領導者。所以，主持太陽舞的最佳人選，並不一定是代表黑腳族與政府溝通的最佳人選。他們視工作的需要去挑選具有特殊技能的專業領導人。

在講求團隊合作的地方，領導者必須創造高度統合的組織。組織的目標必須和個人的目標相互結合。根據馬斯洛對統合文化的論述，我們是否低估了這項挑戰？

7. 假設相關的個人都是健康的。

健康的程度很難量化。但至少不能是精神病患、精神分裂症病患、偏執狂、腦部受損病患、心智薄弱或過度熱心等心理不健全的人。

8. 假設組織夠健全。

應該有個標準來評斷何謂健全的組織。我不知道這個標準是什麼，不過，應該有人歸納出其中的原則，如果沒有，必須立刻進行。當然，某些基本原則可能會與個人心理健康的原則重疊，不過兩者之間也不會完全一樣。在某些觀點上，組織和個人是不同的。

9. 假設我們都具備「欣賞別人的能力」。

以客觀和超然的立場，例如，站在絕對客觀的立場，稱讚他人的能力和技術，同時包括自己。特別要強調的是，沒有尼采式的忿怒，對自己沒有怨恨，對存在價值（B-value）沒有敵意，不排斥真相、美麗、善良、公平以及法律、秩序，或至少不低於人類本性的最低限度（對客觀事實的認知和尊敬）。在理想的狀況下，如果每個人都很有智慧，能以莊嚴神聖的態度對待別人，不以自我為中心，那麼以上的情境就不難達成。這時我就可以很明確地說，史密斯比我更適合這個工作，因為他在技術以及其他各方面都是最好人選。我完全沒有嫉妒、受傷、自卑或其他痛楚的感覺。當然這在現實生活中是不可能的，因為除了極少數的情況之外，大部分的人都無法達到這種境界，不過至少這是達到開明管理的最低限度。我們必須提高這種客觀性而不是降低，直到人性的最極限。用我們的眼睛清楚地、客觀地觀察自己是有些困難，畢竟這會傷了自尊，但在某種程度上是可行的。我們從過去無數次的心理治療經驗中學到，很多人已經學會怎樣省視自己，進而從中獲益。

10. 我們必須假設員工並非只想獲得安全需求的滿足。

在這種情況下，他們不必焦慮、不再害怕，具備足夠的勇氣克服恐懼，能面對不確定的未來並勇往直前，這些是可以被量化的。根據心理動力學關於開明管理與獨裁管理相互對立的論述，害怕和勇氣，退步和進步之間的對立是存在的。一旦被恐懼所主宰，就不可能做到開明管理。在這一點上，杜拉克對於心理治療、邪惡、軟弱以及不良衝動缺乏足夠的認知。杜拉克的理論對很多人，尤其是美國之外的人是行不通的。關於人際關係以及人事管理等理論也一樣。他沒有想到有很多人並不適用那些理論，有些人已經病入膏肓而無法在開明世界產生任何作用。此外杜拉克也忽略了個人差異的問題。

11. 假設人有主動自我實現的傾向。

人們可以自由地實現自己的理想，選擇自己的朋友，和同類的人在一起，共同成長、嘗試、體驗、犯錯。

還是一樣的道理，只有在此假設的前提下，心理治療或心理成長才有可能。我們必須假設人們願意追求健康與成長，而且可以具體地被看見，而不是像羅嘉思心理治療理論般的抽象。

12. 假設每個人喜歡好的工作團隊、朋友關係、好的團隊精神、好的團隊和諧、良好的歸屬以及團隊愛。

除了自發與自我實現的快樂之外，很少人注意到，認同一個充滿愛的團體，一樣能獲得快樂；關於團隊精神的相關研究也很少。對團體的認同，就好比高中男孩會因為加入學校籃球隊而自豪，大學學生也會因為學校的聲望高漲，提高自己的自尊；或是亞當家族的成員以身為亞當家族的一員而自豪。這種自豪感並非來自於個人的成就。

13. 假設敵意是一種初始反應而非性格。

這種敵意是好的、客觀的，只存在於當下，有立即的原因、有價值的而不是有害的。可以自由地表達反應性敵意，更顯示出一個人的誠實個性，也保留改善的空間，若無法公開表達合理的憤怒或非理性情緒，將會造成長期的緊張。例如，員工總是比較喜歡向友善的經理吐露自己對公司的忿怒和不滿。同樣的情形也發生在心理治療師和他的病人身上。對他們來講，敞開心胸暢談遠比封閉心裡的想法來得好。而太多性格上的敵意，例如，對過去事物的情感轉移、對某些符號象徵有特別的反應、錯置的敵意等等，會使一些良好的、客觀的、人和人之間的關係變得不可能。假設我是一個老闆，但有人將普通的命令誤認為我是以父親的態度責罵他，如果他不能區分其中的差異，那我們兩個之間的關係就很難好轉。

14. 假設你的員工可以忍受壓力。

假設員工比外界評斷的更堅韌。你可以很容易就看出一個人可承受多大的壓力，當然這種壓力不能太長久。不過，通常人能偶爾接受挑戰、壓力和緊張，並從中受益。事實上，他們必須偶爾承受緊張的壓力，以免變得懶散或覺得無聊。如果偶爾在音樂會演出或位居高位，生活想必有趣許多，我想每個人都將因此樂意承受這種壓力和挑戰。

15. 假設員工是可以被改善的。

這並不是表示他們是完美的。不過不排除他們想要達成完美的希望。換句話說，他們可以變得比現在更好。

16.假設每個人都希望感覺自己很重要、被需要、有用、成功、自豪、受尊敬，而非不重要、隨時可被替換、沒沒無名、被浪費、無用、可被犧牲、不受尊重。

這個簡單的主張顯現出尊重和自我尊重的需求，是一種普遍而本能的反應。

17.假設每個員工願意或甚至需要愛他的老闆——而不是憎恨，願意尊敬老闆——而非不尊敬。

這是杜拉克主張的假設，這裡的尊敬可能超越愛——我們願意尊敬或愛我們的老闆；如果只能選擇其中一種，大部分的人可能會選擇尊敬而不是愛。

也許我們可以採用佛洛伊德主張或參考支配——從屬關係的研究資料，作更深入的分析，針對強者與弱者的相互關係、身為強者與弱者的優缺點等議題整理出共通的理論，特別是男性和女性之間的關係、成人和小孩之間的關係、勞方和資方的關係、領導者和被領導者之間的關係。此外還必須深入探討懼怕老闆及強者的內在動力，以及懼怕的優缺點。同樣的，強者的內在動力也必須多加研究，尤其是身處強者身邊的人如何回應、如何受到影響。

18. 假設每個人都不喜歡懼怕別人，但卻寧願懼怕老闆而非瞧不起老闆。

我們也許不是很喜歡強勢的人，例如像戴高樂、甘迺迪、拿破崙、羅斯福等人，但我們卻情不自禁的尊敬他們、信任他們。不論在生活中或戰爭中，均是如此。強勢但能力卓越的領導者也許很容易招徠別人的憎恨，不過卻比溫和但軟弱的領導者受歡迎，後者也許比較可愛，但卻有可能因為太軟弱而將部屬帶入死亡陷阱。

19. 假設每位員工願意成為積極的主動者，而不是被動的助理、工具，或只是隨波逐流的軟木塞。

杜拉克談論了很多關於責任的問題，而企業的調查結果也顯示，員工擔負責任時的表現比較突出——但只適用較成熟、健康的人。而世上還有很多人害怕死亡，包括在美國或美國以外的地區，他們比較依賴，喜歡從事奴隸性的工作，而不願自己下決定。關於獨裁性格的研究，可參考《卡拉馬助夫兄弟》（The Brothers Karamazov）裡的大審判一幕。我們必須知覺這只是一個前提、一項假設、只適用特定的人選。

20. 假設我們都願意改善周遭的事情，矯正牆上的扭曲影像，清理髒東西，把事情做對，讓情況變得更好，把事情做得更好。

事實上，我們在這方面了解得不多；完形心理學家有提出科學性的論證。我常常在健康的人身上觀察到此傾向，我稱他們為完形動機（Gestalt Motivation），但我不知道這種傾向有多強烈，也不清楚在較不健康、較不聰明、較沒有人性的人身上是否也有此傾向。杜拉克假設所有人都具有此傾向，他認為這是成功建立開明經濟的前提。

21. 假設成長是同時透過愉悅與厭倦而發生。

孩童的成長就是愉悅與厭倦相互交替的過程。小孩總是喜歡尋求新鮮感，充滿好奇心，探索新事物，喜歡一切新奇的事物，但不久之後就會感到厭倦，而會找尋更新奇的東西或活動。這是一個非常穩當的假設，開明管理的先決條件就是要有新鮮的事物、新挑戰、新活動、多元化的活動，不能太簡單。但一切很快的又會變得熟悉、無趣甚至無聊，所以你必須再次提供更新鮮、更多元化，更高層次的工作。

22. 假設每個人都比較喜歡做一個完整的人，而不是只有一小部分、一件事物、工具或「一隻手」。

人們比較喜歡發揮自己的能力。相反的，如果只把他當作別人的一部分，他會覺得很生氣。譬如說婦女——至少是人格高度發展的婦女——拒絕當個性工具。出賣體力的勞工，也會拒絕當別人的一隻手、一塊肌肉或是墊背。就連在餐廳工作的服務生也厭惡他人把他當作是一個只會端盤子的人。

23. 假設每個人都比較喜歡工作，而非無所事事。

在這項假設上，杜拉克當然是對的，但要有一些條件限制。例如，大部分的人認為，做沒意義、浪費時間的工作，倒不如沒有工作。不同的人當然會喜歡不一樣的工作，例如知識型或勞動型。我們也必須了解工作期間與完成工作時的樂趣不盡相同。另外，我們必須化解工作和娛樂之間的分歧。杜拉克式的管理所主張的應是：工作讓人享受、著迷與喜愛。對自我實現的人而言，他們可能比較喜歡把工作當成是一種「任務」，一種「使命」，一份「責任」，或是神父所謂的「天職」。自我非常認同這項「任務」，一如體內的肝或肺同等重要。對一個幸運、開明的工作者而言，奪走他的工作就等於要了他的命。真正專業的工作者就是最好的例子。此外我們必須針對「工作」的語意有更明確的解釋，因為依據目前社會上的認知，勞動是令人感到不快，放鬆意味躺在陽光下，什麼事也不做。另一方面，強迫人不工作其實是一項嚴酷的懲罰。

24. 所有人都比較喜歡做有意義，而非做無意義的工作。

這裡強調人們對價值體系、了解世界並賦予意義的高層需求。這和人類追求宗教信仰的態度非常相近。如果你所從事的工作毫無意義，你的生活也就接近無意義。無論如何卑賤的雜事——洗碗盤、清水管的工作——有意義與否，完全在於這份工作是否有其重要而崇高的目標。例如，很多人都不喜歡洗嬰兒尿布，但有人卻會充滿愛心地洗它。對一個關愛小孩的母親來說，這是一件很快樂的工作。洗碗盤可以是一件毫無意義的工作，也可以是對家人愛的表現，自此它就成為一件有自尊又神聖的工作。這些例子也可以運用到組織中。某位婦女是一家口香糖工廠的人事經理，但她對口香糖一點都不感興趣，因此出現「乏味症候」（anhedonia，無法感受生活中的苦與樂）的情形。如果她能到她認為比較有意義的工廠做事，即使是同一性質的職位，也會覺得比較有意義。

25. 假設每個人都比較喜歡有個人性、獨特性、特定身分。相反的，就是沒沒無名、隨時可被替換。

杜拉克在組織中發現很多這樣的案例。

26. 我們必須假設人們具有足夠的勇氣經歷開明管理的過程。

這並非表示他欠缺恐懼感，而是他能克服恐懼勇往直前。他能承受壓力、接受創造性不安、忍受焦慮。

27. 我們必須假設人們沒有心理疾病：人必須有良心、羞恥心、感到難為情、會傷心。

我們必須認同別人，了解他們的感覺。我們也必須假設人多多少少都會有一點妄想、疑心、誇張的感覺。

28. 我們必須假設自我選擇是智慧的、有效的。

杜拉克曾有一、二次提到這個理念，不過並沒有進一步的說明清楚。事實上，在開明管理中，最重要的假設是，人們藉由了解自己最喜歡什麼，發掘自己最好的一面。開明管理假設一個人所喜歡的、所偏愛的、所選擇的，是聰明的決定。我們必須說明的更清楚，因為我們發現某些相反的證據。有智慧地自我選擇大致而言是正確的，尤其對人格健全的人更適用，但對神經質或有精神疾病的人就不太恰當。事實上，神經質的人可能無法真正依據自己的需要，做出明智的選擇。我們也了解個人的習慣會影響他做出聰明選擇的能力，此外，持續地挫折感等其他的原因，也會造成負面的影響。以為每個人在任何情況下，都能做出明智決定的假設，也與事實不符。杜拉克又再次忽略開明管理只適用某些特定人選，也就是比較健康、堅強、優秀和善良的人。

29. 我們必須假設每個人都喜歡受到公正的讚美，受到大眾的歡迎。

一般人對謙虛有著錯誤的觀念。相較之下，平原印第安人（Plains Indians）就比較實際。他們認為，每個人都喜歡炫耀自己的成就，也喜歡聽別人讚賞他的成就。這是必要的，不過要拿捏得恰到好處，因為誇讚不值得誇讚的人，或不當的誇大某人的成就，都會產生罪惡感。

30. 我們假設以上所舉的正面傾向會有其相對立的反面傾向。

當我們談到人性的正面傾向時，必須假設還有相對應的反面傾向。例如，不可否認的，幾乎每個人都有自我實現的意圖；但每個人也都有退步、害怕成長、不願自我實現的意圖。人人當然都具備勇氣。但相對的，人人也都存有恐懼感。每個人都想要知道事情的真相。但相對的，每個人也都害怕知道真相。這些相互對立的傾向，彼此會找到平衡點。問題在於，在某個特殊情況、特殊時間、特定的人身上，哪一種傾向會較突出？

31. 假設每個人尤其是高度發展的人，比較有責任感，而不是依賴或被動。

這種喜歡責任和成熟的傾向，會在人覺得軟弱、害怕、生病或沮喪時減弱。另一方面，責任要有一定的限度，才能處理得很好。太多的責任會壓垮一個人；太少的責任會讓人鬆懈。太早要求小孩背負責任，會造成他一生中無法擺脫的焦慮感以及緊張情緒，我們必須循序漸近地加重個人的責任。

32. 一般假設，人從「愛」中獲得的樂趣，比從「恨」中獲得的更多——這種從恨中產生的快樂也是真實的，不該被忽略。

或許可以換另一種方式說明，對一個健全發展的人而言，因為愛、友誼、團隊合作、身為優秀組織中的一員而得到的快樂，非常真實而強烈，超過因為擾亂、毀壞以及敵對所得到的快樂。我們必須記得，對一些人格不健全的人，例如神經過敏或有精神病的人而言，從怨恨以及毀滅中得到的快樂，遠遠超越從友誼以及情感中獲得的快樂。

33.假設健全發展的人寧願創作，而不願進行毀滅。他們從創作中所得到的快樂，遠超過從毀滅中所得到的。

但是後者的快樂確實存在，絕不能忽視。這種感覺對低度發展的人，例如神經過敏、不成熟、過度衝動以及患有精神病的人尤其強烈，因為他們沒有足夠的控制能力。

34.假設健全發展的人寧願生活在樂趣中，而非無聊過日子。

更明白地說，所有人都厭惡無聊。

35.假設在開明管理理論的最高層次中，人們願意或傾向於愈來愈認同世界，並達到終極的神秘經驗，與世界合而為一，或是達成一種高峰經驗（peak experience）、宇宙意識（cosmic consciousness）。

這和孤立是相對的。我們之後將會討論此點。

36.最後我們必須提出超越動機和超越病理的假設、追求存在價值的假設，以及追求存在價值的假設，如真、美、正義、完美等。

專訪摩特．梅爾森

摩特．梅爾森（Mort Meyerson），是裴洛系統公司（Perot Systems）前主席以及執行長，也是電子資料系統公司（EDS）的前副總裁。他曾經創造出許多令人稱羨的紀錄。在他的領導之下，EDS不但成為一家公開上市的企業，並且成為該產業的領導者。相同的輝煌戰績再度在裴洛系統重演。自從梅爾森加入後，該公司每年的營收都暴漲四〇%。我們發現梅爾森將他從以前學到的經驗，經過吸收轉換加上開明管理技巧，運用在裴洛系統公司內。也許梅爾森最出名的並不是在商場上的成就，而是他有足夠的勇氣和智慧體認到，過去那一套做事的方法已經不適用今天的社會。

我們從一本暢銷雜誌《快速公司》（FAST COMPANY）的封面故事中，認識梅爾森這個人。文章的標題寫著：「我所知道每一件有關領導者的事，都是錯的。」當他問：「要變成有錢人，就非得自己搞得很悲慘嗎？」「為了成功，非得懲罰你的客戶嗎？」「我們可以創造一個更人性的企業嗎？」這些問題時，緊緊抓住了讀者的情緒。文章發表以後，梅爾森收到數百封的來信，他也因此成為新一代的企業英雄，因為他知道那是他應該去做的事情。他在裴洛系統的成功改革，其實結合了許多馬斯洛多年前發表的一些理念。馬斯洛說：「我必須協助企業了解到，應該以Y理論（充分授權）對待員工，因為它是管理理論的金科玉律、聖經。更重要的是，它對任何人來說都是一條邁向成功的最佳道路，也包括在財富上的成就。

而我們有機會在該公司的達拉斯總部，和梅爾森一起談論有關馬斯洛在管理與領導方面的想法。

問：你曾經提到馬斯洛對於健全組織所提出的假設，很接近你的想法，你對此感到很不可思議，現在你有機會重讀其著作，對他的理念有什麼看法？

答：這本書的內容令人震撼不已。每個人當然都聽過馬斯洛以及他的需求層級論。他在那年夏天所寫的基本理論，不只是一九五〇年代的觀念，甚至到了一九九〇年代和二十一世紀仍然適用。有些文章看起來並不顯眼，不過若你把它們看做一個整體一起研究時——尤其是針對三十六點假設——就會發現他的看法非常清楚而中肯。我不禁感到興奮和驚嘆。如果再看一次馬斯洛的理論，想想他寫這些東西的時空背景，我想你就會明白，我為什麼會用驚嘆來形容他這本書，他的觀念遠遠的超前當時所處的年代。

問：是的，多年來，我們一直聽了很多像馬斯洛、麥克雷格、華倫．班尼斯以及其他著名的學者，預言企業人性面的重要性，為什麼大多數人都聽不進去呢？

答：杜拉克的理論與馬斯洛有許多類似的地方。不過我想他們的思想都相當前衛，可能要花好幾十年的時間才能了解其中的道理——如果我們能接受這些想法，而且這些想法都是反直觀的。在我們生活中所做的每件事情，其實背後都有一連串關於事物運作方式的基本假設。馬斯洛的理論對企業知識而言是反直觀的。現在我們關於企業如何運作的基本假設是，企業最重要的目的就是賺錢，或以現代的話來說，就是要增加股東的價值。

人們比較容易處理分析性的東西，面對非分析性的東西就慌了手腳。在這種情況之下，「公制」變成我們的衡量工具，「會計」變成我們衡量企業營運狀況的工具。所有這些用來做計算的工具都很簡單，而且是可數的，因此企業是建立在這些分析性以及可計算的假設之下。

我想大部分的男性比較習慣處在可測量的世界中，至於強調心理層面或感覺的環境，則會讓他們感到不自在。目前來看，男人掌管了全球的企業領導階層。不過，我想本地的美國男人卻是相當特別的。對於強調精神層面、心理、感性、人性的環境，他們仍是感覺自在。此外企業語言亦受限於男性較易處理的事物上，男性也較適應科層組織。

在科層組織還未興起的時代，以部落式的組織型態為主。我們已無法理解非科層組織的真實情況，我們以為大型組織會一直存在，但事實不然。馬斯洛的觀念違反常人的直觀，不僅是對美國人，對世界其他人也是一樣。每一家公司都有它自己的國家文化以及企業文化。

問：你所寫有關你在領導角色的轉換，其實和馬斯洛的理念相當接近。在你的文章中，曾提出關於企業的核心元素和想法，為什麼這篇文章會引起如此廣大的興趣和回響？

答：我想當時我寫的文章，比我之前說的商場故事，更能受到普遍的歡迎。當我開始接到一些神父以及牧師們的來信時，我就知道更偉大的事正要發生。無論如何，我提醒大家不要有民族優越感。我生活在兩個不同的世界裡，我試著研究馬斯洛博士倡導的觀念，也向員工講述其中的道理，但我了解到至今仍無法成為一種趨勢，雖然時機已到。大部分的企業人士並不聽信這樣的論調。他們覺得這些都是廢話以及沒大腦的想法，就是一些改革之類的無用言論罷了。讓我舉例說明我的觀點。有一次，我在麻省理工學院演講，在演講結束時，一位男性從觀眾席向我走來，當他站在離我六英寸遠的地方面對我時，大聲說我是摧毀西方文明以及美國自由文化的罪人。他不把我的觀點看成是一種觀念的探討，反而認為我在攻擊自由企業、美國人的生活方式、利潤動機和西方社會。我覺得他批評得有些過分。

從心理觀點來看，我確定這位觀眾所說的並非我演講的內容，他只是在陳述自己的意見。如果只是單一事件，只發生一次，我就不會特別提到它。大部分的人都不會對著我大叫或不禮貌。他們通常會同意我的看法，支持我的觀點，尤其是當我有一定的權力或地位的情況下。公司裡的同事以及董事會股東，有時也會提出類似那位觀眾的反對立場，只不過他們的表現方式沒像他那麼暴力。

有一位公司股東問我，為什麼要浪費時間探討一些人的問題。我就反問，「我們從事的是何種事業？」我們的事業就是聚集一群人為公司做事，進而為自己創造價值。沒有這些員工，就等於沒有這家公司，就不會有任何實體的東西。

這位股東接著說：「我了解，但你處理的都是一些很軟性的東西，員工並不需要創造力、自由或任何你想給予的東西。他們不想尋求工作的意義，員工只希望每天來工作、做好份內的事，並且清楚自己被賦予的期望。他們需要的，只是一份合理的薪水而已。」

我回答說：「我想你搞錯了。員工來這裡工作並不只是為了那份薪水，而是因為這裡代表一個社區，一個家庭，足自我認同很重要的一部分，當然也是因為他們想為自己的家庭做一些事。這份薪水剛好符合需求，但並不只是以服務換取金錢，它的意義更甚於此。如果只是想以工作換取金錢，就無法體會工作的真正意義。」

我繼續和這位股東交談，我說：「問題是，我必須向我的合夥人說，『這是我們必須做的？』或者說『你去做，我會獎勵你？』或者我必須說，『讓我們為客戶創造價值，讓我們為員工創造一個良好的工作環境，並看看事情會如何進展？』可以預料的是，最後一個問題的效力比我告訴員工怎麼做還強上十倍。在這位股東的想像中，我們都被內心的想法和經驗限制住。如果依照最後一個問題的方式進行，就能激發每位員工的經驗、創造力及能力。」

問：馬斯洛認為企業和社區是緊緊相連的，沒有任何力量可以將它們分開。而你提到企業必須對社區有所貢獻，這是你最受爭議的想法，很少人能認同此項價值，你也極力地為此辯護，可以談談你的經驗嗎？

答：在早期的裴洛系統公司，社區關係的價值是最受爭議的話題之一。原因就如同我之前說過的，對社區的貢獻無法直接顯現在利潤上，也很難分析或計算。我們不能因為捐出一萬元給社區，就期待會有十萬元的回饋。但我直覺的認為，我們會得到比我們付出更多的價值。

在這場討論中，在場的都是占有優勢的男性，他們習慣於可以計算與衡量的事物。想想以下的情況：如果以顧客為優先的做法是企業責任的一種延伸，那麼將社區重要性納入討論則是更大的延伸。

如果我們無法照顧員工整體生活，就只能激發員工部分能力和創造力。這不就是馬斯洛的觀點嗎？

雖然對公司的回饋很難計算，我們卻可以計算出員工的生產力。譬如說，在達拉斯，有一些文化組織在建立資料庫時遭遇困難，他們沒有足夠的電腦設備；我們就集合了一些對藝術有興趣的義工，幫忙安裝完成整套計畫。

我們也許無法計算出這項行為能為裴洛系統創造多少回饋，卻可以衡量出員工對這項行為的感覺。他們覺得，透過這次的行動，自己和社區之間的聯繫更加緊密，也感覺自己更人性。與文化以及藝術團體——觸及人的靈魂——的連繫，影響了他們，因此這些員工成為更好的人，也對裴洛系統作出更大的貢獻。另一方面也使社區成為一個更好的地方。

如果企業不盡力改善自己的社區，那要誰去做呢？政府所能做的不可能滿足所有人的需求；教堂也不能滿足所有人的需求；一些非營利單位能做的也有限。到目前為止，民營企業是最有效率的組織。因為是如此有效率，如果不把社區工作、環境問題、家庭生活以及員工自我建設等議題視為企業的責任，就無法為個人創造更美好的生活。

這是非常重要的，因為人們並不只是為了金錢而工作。

很明顯的，企業必須真正面對這些問題。除了創造利潤外，企業有更重要的義務。我不是說為了哲學原因一定要如此做，而是就事實面來看，這是企業最大的利益所在。

問題是企業要如何做，這才是最根本的問題。

問：你曾在自己的公司衡量過這些活動的成效？也就是我們目前討論過的活動和組織議題嗎？

答：我們正在嘗試，但有些困難。也許我們可以針對員工的態度進行調查，但我不認為這項調查能包含所需的資訊。一位持反對立場的股東對我說：「你怎麼知道這有用？」我說：「很簡單，我們的客戶會告訴公司，很滿意我們的服務。認為裴洛幫他們創造更多的價值，公司將因為這些傑出的服務而獲得更大的報酬。我們的員工將更優秀、更滿足，也更改善了他們的家庭生活。他們的生活將更有生產力、更有內涵。到時候就可以看出這些理念是行得通的。但是短期之內我們無法用測量的方式知道它是否有用。我們必須利用測量與直觀雙管齊下。如果從現在起的五十年後，我們變成一家最受尊重、最成功的電腦服務公司，我們現在就會感覺得到。我們的電腦網路可以相互連結，提供最好的服務，並擁有快樂的員工和滿意的客戶。」

問：馬斯洛說，做為一個會計人員最困難的就是，如何把這些組織中的人力資產算進公司的資產負債表裡，你同意他的說法嗎？

答：我想你問了一個錯誤的問題。這個問題的前提是，你必須衡量人力資產以創造有形的價值，但我認為根本不應該去測量。我們必須堅信這項理念是可行的，最後它的價值也會顯現出來。我們可以從客戶的態度、員工的態度以及員工的生產力中看出來，它在最後一定會顯現出來。我不確定是否能合併測量。再說，我想員工也會覺得如果將人力價值放入公司的財務報表裡，那員工不就像被賣出的奴隸一樣，成為主人（資方）的財產？

問：你覺得不公開發行的私人企業可以做到這個目標嗎？

答：不，只有公開發行的公司才辦得到。

問：我們也聽到因為來自華爾街投資者以及地方性上市公司的壓力，使得許多組織無法執行我們剛剛討論的事項？

答：華爾街並非問題所在。如果你告訴華爾街你要怎麼做，即使非常困難，他們還是會給你一到兩年的時間去完成。在這種時間限制下也許會很辛苦，但並不是不可能。數量與品質的取捨才是問題所在，心裡的想法才是問題所在。華爾街只是一群依市場心理賺大錢的人。

商場的人喜歡怪罪華爾街，這反而凸顯出他們眼光的短淺。十年前，我在日本也聽過同樣的爭論。日本人說他們有比較好的制度，因為他們總是往遠處想。不過問題是，日本沒有汲汲營營的華爾街投資人，他們自覺比華爾街投資人優秀。他們在十年前確實是高人一等。但現在看來，他們根本不知道自己在做什麼，就發生了經濟泡沫。他們假造房地產榮景，和銀行勾結，做一些犯法的事，誤導投資大眾。我不接受這種說法。

我所質疑的是「沒有華爾街和那些汲汲營營的金錢追逐者，就萬事OK」的論調，這是不對的。如果華爾街突然走向三年分段成長的階段，我不相信短時間就能改變我們的組織以及我們的想法。

問：你提到在改變的過程中，裴洛系統成為一家同樣重視生活議題和利潤創造的公司，你也談到了離開EDS後你自己的角色轉換問題，你可以談談你的改變嗎？

答：我不相信一家不轉換領導層的企業，能有什麼樣的改變。一個公司要能真正地改變的話，不是從底層員工的撤換開始，而應該從管理階層著手。因為之前所寫的那篇文章，我到現在每個禮拜平均都會收到一至五封的電子郵件。其中有五分之一的讀者來信說：「我在某家公司工作，我們有非常好的前景以及很優秀的員工，我們真的是與眾不同，我跟人力資源的主管談過，但他無法理解，我正想辦法如何才能說服管理階層。」大部分人的問題是：「要怎樣讓他們了解我的想法。」

我的答覆一直沒有變，他們有義務讓別人了解，並且真正聽進去他們的想法。我也提出忠告，如果你夠大膽、臉皮夠厚，就可以公開提出討論。無論如何，讓人家相信你的想法是非常重要的。不過，在這裡我也必須提出警告，除非有人相信你，否則不要輕易嘗試改革，因為你很有可能因此被開除。你必須取得對方同意，再開始進行討論。如果對方願意，你就有義務說服公司和周遭的人勇敢地嘗試。如果無法說服對方，就必須決定下一步要怎麼做。我的建議是：不如離開這家公司，尋找另一家可以讓你放手一搏的公司。光靠一個人的力量是行不通的，只有和客戶結合的力量才有效，但員工不是客戶。

問：馬斯洛認為可經由工作達成自我實現，你對自我實現和工作之間的關係有什麼看法？

答：我不認為自我實現來自於工作或環境，而應該是說工作的投入和個人的工作，以及心靈的工作相互結合而引導人們去達成自我實現。但不管怎樣，我了解馬斯洛的想法，他認為企業是非常有效率的，可以使人更健康，更能達成自我實現的目標。但很不幸的，今天有太多冒牌大師與所謂新世紀的人存在於社會，他們總是試圖想改變人們，誘惑人們尋找生活中的意義。這些人從中獲取利益，也許他們的影響力已經玷污了今天的企業主流。

①**完形**：指完整的形象或完整的形體。完形心理學屬於心理學理論的一支，他們認為任何的心理現象都是有組織的、不可分割的整體。因此學習是個體對於整體的刺激環境做出的整體反應，而不是針對部分刺激而做出分解式的反應。

②**維布倫**：美國經濟學家與社會學家，利用進化論與動態學研究經濟制度。他認為工業體制雖要求員工努力工作、講究效率、共同合作，但是企業主真正關心的只是賺大錢。在《作業本能》一書中，他指出企業管理方式與人們追求利益的本能相互衝突，因為低效率的制度，使得人們浪費了大半的精力。

③**皮亞傑（Jean Pioget）**：瑞士心理學家，他對兒童的思考歷程極為好奇，他發現兒童對世界的認知與成人完全不同。此後他提出了認知發展理論（theory of cognitive development），個體從出生至兒童期結束，其認知發展要經過四個歷程：感覺運動期（依靠感覺與動作來認知世界）、前運思期（開始運用簡單的語文符號來思考）、具體運思期（利用具體事例從事思考）、形式運思期（開始作抽象的思考與推理）。

④**心理動力學**：此種心理學強調從動機與情緒的角度，了解個體行為發生的原因。

⑤**同胞爭寵**：指同一家庭中，兄弟姐妹為了爭取父母的寵愛而相互嫉妒或競爭。

⑥**太陽舞（Sun Dance）**：這是一年一度持續二至五天的慶典舞蹈，源自於一八七〇年代的北美印第安人。舞者凝神於太陽而產生一種迷醉的幻覺，另有一些舞者用標槍穿過自己的胸肌，將身體固定在神柱上，然後再掙脫出來使肌肉脫落，如此即能獲得天賜的力量。

06 別漠視個人差異

至少就管理層面而言，這似乎是我見解的核心，所有的事情都源自於個人的人格特質。我也堅信，充分授權的管理方式讓人們過著主動而積極的生活，而非只是扮演無助的小兵。

杜拉克或其他專家所談的一些基本理念，在我來看太過一般化，光是管理女性與管理男性就有很大的差異。每個人對安全的需求或關愛的需求程度也不一樣。如果我們將杜拉克的理念運用在比較落後的國家，如哥倫比亞、伊朗、敘利亞以及南非這些地區，就能更明白其中的不適性。事實上，目前在許多地區只有獨裁式的管理：壓迫恐懼的人才有用。獨裁者若採取人性化管理，就被認為是多愁善感、不切實際。

所以，情況通常就會演變成獨裁者學習寬大慈悲之前，一定會遇到一些挫折。每個人在接受別人的建議以前，總是會感到害怕。譬如說，如果我們探討德國人在戰爭中的個性就會發現，所有人包括老師、教授、經理人、領班，他們的性格都被假想成很強硬、很嚴肅，甚至粗暴。在一項研究中，個性不嚴厲的老師會被年輕的小孩嘲笑，並且被認定他是一個差勁的老師，不值得尊敬。除非他能在孩子面前表現出獨裁者的威嚴，否則這位老師就無法管束學生。

很明顯的，我已經一併說明了兩項針對杜拉克的重要批評，一是他的管理原則只適用於特定的人選。另外一點就是，他忽略了存在某些人身上的惡質性格、精神疾病以及污點。

07 成長與退化的平衡

我們應該強調人性的積極面嗎?但只有在客觀環境有此要求，而且必須是實際可行的情況。

另外有一點必須說明清楚，杜拉克以及其他一些管理學者都只假設良好的情況、好的運氣，只適用在今天的美國社會。這些理論在美國以外的地區並不適用——假如美國有一天發生原子彈爆炸的大災難時，這些理論也不管用。如果我們以審慎而較務實的方式描述問題，可能比較實際、科學。譬如說，怎麼定義「良好的情況」以及「惡劣的情況」?什麼樣的力量、什麼樣的變化，使社會朝向衰退的動態平衡而不是成長?什麼又是一個簡單的經濟體所欠缺的?

這些終究只是我們的想像而已，如果美國有一部分的人口死亡，整體的社會結構都將因此而四分五裂，原先平衡的工業社會可能會退化成叢林社會。明顯的，杜拉克的理論在這種情況之下就不管用了。如果此時你還完全信任別人，假設人們都是誠實的、慈善的、都有利他精神，就顯得極為可笑。我相信在這種情況下，杜拉克的假設是不存在的，但我相信杜拉克的假設可適用於現今的社會。他所假設的較高層次生活以及高度發展的人類，當然存在我們今天的社會當中。從歷史的演變來看，一般來說，美國人屬於比較高度發展的一群——尤其是美國女性，大都比其他國家的女性要先進。不過，只有基本需求獲得滿足後，例如安全需求和歸屬需求均達到滿足，才有可能追求高水準的生活。但如果這種基本需求的滿足感，因為外在的環境變化而受到威脅或無法獲得滿足，健康心理的高層結構也將因此而瓦解。

另外，杜拉克假設高度統合的法律和組織。我認為這個假設很正確也很實際，但它適用於變動的環境嗎？例如，在食物匱乏的情況下，人們難道不會互相對抗爭奪？我們已經看過輻射塵掩蔽所內的混亂。誰會死？誰會獲救？如果一千個人之中，只有十個人能存活，我當然想成為那十個之中的一個。但每個人都想成為那十個人中的一人時，誰來做最後的決定？我想在如此失序的狀況下，最後一定得用武力解決。

恐懼與焦慮的增加，都會威脅衰退和成長的動態平衡，使個人遠離成長而走向衰退。損失、分離和死別也是一樣的情況。任何改變都有正反兩面的影響，兩者之間會自然保持動態的平衡。例如，每個人都喜歡改變，也害怕改變。但你可以讓自己喜歡改變而不害怕改變，前提是良好的社會狀況。某些經濟狀況良好，身處於健全組織內的幸運兒，確實能達到以上的目標。不過，杜拉克的理論並不適用於大部分的美國黑人。他們的生活環境並不理想。我相信如果他們的經濟狀況良好，基本需求獲得滿足，就能達成之前我們假設的目標。

我必須再一次強調，所有的假設都必須更明確、完整。大家必須了解，我們是幸運的、是受恩寵的，我們必須更實際，更有彈性地回應客觀環境的改變，因為這世界仍持續運轉，不斷地轉變。目前的情況是好的，因此我們可以運用好的管理原則，但明天的情況有可能急轉直下，如果我們還死守針對良好情況而設計的管理原則。無異是自取滅亡，因為它只適用於良好的情況下，但我們不能期望良好的情況會永遠持續。

還有一些事情必須說明，第一就是溝通的重要性。語意學者會說，所有階層都會發生良好的溝通和不良的溝通情況。我想杜拉克如果把語意學理論納入他的理論中的話，對他是有好處的。

也許可以換另外一種方式來說明以上所講的：我們應該強調人性的積極面嗎？絕對有必要——但必須是客觀環境有此要求，而且實際可行的情況。實際一點，我們也必須強調負面的情況，這也是現實而且客觀存在的事實。

08 組織理論的目標

我實在難以想像，一本書接著另一本書，不斷討論新的發展、新的組織理論、新的管理理論。這些理論奠基於對人性的重新理解，尤其是動機的新知識和新觀念，但對於理論的價值和目的卻隻字未提，即使有也是非常模糊。

開明管理的理論架構在某方面和心理治療很相似：一群差勁的人做了差勁的事，整天信口開河，他們就是沒有勇氣仔細描繪自己的目標、目的以及長期的目標。他們似乎害怕討論價值與目的。如果我們檢驗開明企業、開明組織、開明團體的長期目標，就能發現整件事變得毫無意義。我們可以大膽地說，心理治療的目的和長期目標是使人們運用超越動機，達成自我實現的境地。我們也可以說，這是健全社會的功能，也是健全教育制度的功能。

我想這也是開明管理的長期目標，也是所有準心理治療團體像學習團體（training groups; T-groups）①、敏感度訓練（sensitivity training）②和領導團體的長期目標。這也是一般組織理論的長期目標。我實在難以想像，一本書接著另一本書，不斷地討論新的發展、新的組織理論、新的管理理論。這些理論奠基於對人性的重新理解，尤其是關於動機的新知識和新觀念，但對於理論的價值和目的卻隻字未提，即使有也是非常模糊。至於動機理論的高等層面，也就是它的遠期目標、超越動機或是存在價值，是希望人們更健康，進而達成自我實現的目標。

我們可以不管長期目標，只著眼於立即性的目標——創造利潤、成為健全的組織、保障未來，但這些是不夠的。任何一家公司的領導者都希望能永續經營企業，他們心裡想的不是二年或三年，而是五十年甚至一百年。他們不僅希望能經營一百年——此時有必要更深入討論人類動機和長期目標——更重要的是他們希望自己的組織或團體能健全地永續經營。所以我常常有一個感覺，他們好像總是不斷的在處理如何擴大經營規模，修正亨利．福特的經營策略之類的問題。

我很少看到有那位經理人或學者，有勇氣以長期的觀點、烏托邦理想或有價值的觀點思考。他們普遍認為，較低的人力流動率、較低的缺席率，良好的道德或更多的利潤才是經營企業的成功之道。但他們這樣做其實忽略了開明企業所強調的心理健全成長、自我實現與個人發展。

我懷疑這些人可能是害怕這樣的道德優越感，以為只有少數有道德感的人才會一切以道德為優先考量。如果長遠來看，除了頭腦精明、意志堅定和利潤的考量外，還必須顧及個人發展、員工訓練以及組織環境的改造。這些都與心理治療、教育體系分析、政治民主分析的目標一致。

如果每個人都關心公司的未來目標、方向和長期計畫，那麼剩下的都只是一些技術性的問題，可以輕易地獲得解決。不過，長期目標如果混淆不清、相互衝突、難以理解，那麼所有關於技術、方法和手段的討論，將完全失去效用。我必須清楚說明開明企業除了短期目標外，更要有長期目標。企業必須有長期的考量，以一個世紀為單位，而非四、五年，利潤的創造將因此更為樂觀。開明企業的烏托邦理想、健全心理和道德感的堅持將全面改善組織的營運，當然包括獲利表現。我必須強調這是達到財務和經濟成功的唯一道路。

這是有利益而且應該做的事

「我必須強調，這是達成財務及經濟成功的唯一道路。將員工視為Y理論中的高度發展人類，不只是因為《獨立宣言》、黃金規則、《聖經》，宗教或其他理由，而是因為這是邁向成功的道路，包括財務上的成功。」

——馬斯洛

馬斯洛從來沒有想到以科學及任何可衡量的方式，證明開明管理可以達成財務和經濟上的成功。人們直到今天才開始建構完整的流程，衡量開明管理如何達成財務上的成功。

哥倫比亞大學自從一九八六年開始，就不斷追蹤人力資源運作與經濟指標之間的關係。其中合作進行研究的單位包括：史隆基金會（Alfred P. Solan Foundation）、卡內基梅隆大學（Carnegie Mellon University）以及世界銀行（The World Bank）。其中有兩份研究報告非常具有說服力，第一份是由大衛·里溫（David Lewin）主導，他調查四九五家企業，做成以下的結論：

- 與員工共享利潤和收益的公司，比起那些不和員工共享利潤的公司，財務的表現更為出色。
- 與員工分享資訊，邀請員工積極參與的公司（這裡的介入程度定義是智慧性的參與），營運表現比獨裁管理的公司好上幾倍。
- 彈性的工作設計（彈性的工作時間、輪流休假制度以及工作延伸）更能創造財務上的成功。
- 人員的訓練和發展對企業財務表現具有積極正面的效果。
- 企業的盈餘有三分之二是源自於集體經濟性參與、智慧性參與，彈性的工作設計與人員的訓練和發展。

一旦星溫對調查的內容有任何質疑，就會和工作夥伴做更進一步的調查，運用統計學找出人力資源運作與盈餘表現的關係。調查結果顯示，正確的人力資源的運用不僅影響企業的財務表現，更證明能提升企業的獲利。

一九九〇年舉行的布魯金斯研究機構（Brookings Institution）會議中，討論薪資與生產力的議題，也印證馬斯洛的理論。當所有的報告發表以後，該會議主席阿蘭．布林德（Alan S. Blinder）下了結論：「改變對待員工的方式，也許比改變薪資結構，更能提高生產力。很顯然的，員工的參與可以協助公司擬定更完善的補償金制度，包括利潤共享、所得分享，由員工認股計畫的效果更好。在籌備這場會議時，我完全沒料到會有這樣的結論，如今白紙黑字，不容爭辯。」

不容置疑的，在往後的十年，關於對待員工的方式與以及人對營運、財務表現的影響這二者之間的相互關係，會有不同的說法。有些理論也許會認為，除非是有利可圖的事，否則不做。但更大的爭議在於：在開明社會中，企業與工作的真正目的為何？我們用以下的一段話為這項爭辯做註解：

「企業營運的目的不是只為了創造利潤，而是一個人群聚集社區，人們可藉由不同的方式，獲得基本需求的滿足，並組成特殊團體服務全社會。利潤是企業生存的衡量標準，但它並不是唯一；我們還要考慮人性和道德上的因素，至少在長遠來說，這和企業的生存一樣重要。」

——教宗若望保羅二世

① **學習團體：**學習團體簡稱為T團體（T-groups），由社會心理學家科特．李文（Kurt Lewin）所創始。將八至十四人組成一個小團體，採用敏感度訓練的方式，由指導員負責引導並鼓勵大家說出自己的想法與感受，並接受別人的建議，以達到以下的目標：個人的自知、人際的了解、溝通的技巧、接納他人。

② **敏感度訓練：**經由小團體的人員互動與溝通，使團體的成員能藉此認識自己、了解別人，進而提升自我的效能。

09 開明管理的成功條件

不容置疑的，現在世俗的觀念是，在一家大型企業工作就必須修正自己或改變自己。我們應該找出讓人們在企業裡還保有個人風格的方法。我們必須面對這項議題。

開明管理的成功有各種先決條件，我們不僅要探討造成進步的情況，更要了解造成退化的情況。可能造成退化的力量包括：食物的匱乏（不足以維持基本的生活所需）；基本需求滿足感消失（或已經威脅到這個滿足感）；不統合的組織架構或法律；任何造成恐懼或焦躁的事物；造成人們悲傷的損失、分離或死別；使人感到焦躁或害怕的任何改變；各種不良的溝通、懷疑、否定真相、不誠實、非真相、說謊；模糊真相，分不清楚真相或虛偽、喪失基本需求的滿足感，譬如自由、自尊、尊敬、愛人、被愛、歸屬、安全、心理需求、價值感、真相和美貌等。

這牽涉到我們必須建構一套管理理論，使得正反二種力量取得平衡。跟二、三十年前相比，我們今天也許比較強調事情的正面，但仍必須考慮反面的力量，甚至是在強調正面力量以前，就要先顧及反面力量。對於各方面的重視程度為何？那就得看實際的情況，根據現有法律的基準來決定。

另一方面，我們也應該注意到以下的可能性：對某些人來說，開明管理可能會造成不良的影響。事實顯示，這些人無法承擔責任，害怕自由，自由會讓他們感到焦慮。治療師已經注意到這些情況，但管理者顯然沒有這樣的認知。在缺乏結構、完全自由的情況下，人們必須自己尋求資源，這樣反而更凸顯出這群人缺乏資源的困境。於是他們陷入冷漠、懶散、對人不信賴、焦慮或沮喪。他們習慣獨裁式管理和傳統結構型組織。但是在自由、開放、責任制的環境下，他們對工作失去興趣，對自己的能力沒有信心，情緒低落。因此對組織學者而言，在討論轉換管理模式時，必須假設有一群人，並不適合開明管理原則。

例如，某些隱藏的傾向會在自由而開放的狀況下顯露出來，如受虐和自毀的傾向。我要加以說明的是，當你嘗試從嚴厲的獨裁制度轉移到參與式的制度，試圖改變獨裁作風時，可能會暫時產生混亂、敵意和破壞等負面情況。獨裁者需要改變或重新訓練，但這需要一段時間，他們也必須經過一段過渡期，改正開明經理人軟弱的錯誤印象。而對於那些還沒準備好接受這段過渡期的管理者來說，外在的壓力很可能促使他們又退回到原來的獨裁式管理。

10 自尊與尊重的差別

在你試圖從獨裁式管理制度轉變為參與式管理時，一旦權威的嚴格限制遭到瓦解，必然會引起某種程度的混亂、敵意和破壞。

人類會避免：

*被操作
*被要求
*被推擠
*被別人決定
*被誤解
*成為無名小卒（而非留名青史的人物）
*不被贊同
*不被尊敬
*不受人恐懼

＊不當一回事

＊被取笑

＊被人看成是滑稽的人（有如一件物品，被視為一件物質性的物品，而非一個人；像樣品般 的被標明，而非獨特的個體）

＊被命令

＊被強迫

＊被使喚（被利用，被剝削）

＊被控制

＊無助，抱怨，順從，一個可被替換的人

如果我們對動機的自尊層面有更廣泛且深入的了解，就可以澄清和簡化管理理論中似懂非懂，或仍在成形階段的內容。每個人似乎都認為獨裁式的管理，會傷害員工的自尊心，員工最後會以強烈的敵意和有意的破壞心態，做出反擊以維護自己的尊嚴和自尊；員工也有可能變得像奴隸一樣被動，採取陰險而狡詐的惡劣手段對付你。領導者也許對此反應感到不解，但如果你明白這是在受控和不受尊敬的情形下，個人為維護自尊所採取的措施，就不難理解他們的心理反應。

現在我們就從管理文獻中，將所有受到支配的人對他們自己的情況所做的負面描述，全部羅列出來，以便了解他們不喜歡什麼、避免什麼事、什麼狀況會讓他們感覺失去自我尊重。

我們發現他們積極尋求的是：

＊做一個帶頭向前進的人
＊可以自我決定
＊自己控制自己的命運
＊決定自己的行動
＊能自己設定計畫並且執行，一直到計畫成功為止 ＊預期自己會成功
＊喜歡負責任或假設自己願意負責，尤其是為自己
＊喜歡主動而非被動
＊喜歡做為一個人而非一件物品
＊感覺自己是可以下決定的人
＊自發
＊主動
＊自我開始

＊能力受到大眾的肯定

關於尊重與自尊的差別，一定要明確地加以區別。彼此的差異必須明顯、清楚而正確。名聲、威望和掌聲是好的，對兒童和青少年相當重要，尤其是個人在真正建立自尊之前更是需要。換另一種方式說，他人的尊敬與肯定是建立自尊不可或缺的基礎，尤其對年輕人更是如此。總結來說，真正自尊的基礎在於上述所提的每一件事，也就是一種尊嚴感，可以控制自己的生活，做自己的主人。之後再謹慎地處理尊嚴以及自尊的相互關係，並達到真正的成就、真正的技能、真正的掌控（相反就是不值得獲得掌聲）。這裡要強調的是，一個人必須真正「值得」他人的掌聲、榮耀、勳章、聲望。否則在潛意識深處會受到傷害，產生罪惡感——也許所有的心理治療都要從不值得的肯定開始。

另一方面我也覺得，必須詳細說明受傷的自尊如何自我保護，這對許多人來說將有很大的助益。應該再去翻一翻約翰．杜拉（John Dollard）的著作《南方的階級社會》（Caste and Class in a Southern Town），其中描述美國黑人生活在窮困潦倒之中，被踐踏、被遺忘，無法進行正面的反擊，被迫吞下心中的憤怒，但仍然可以消極被動的方式進行有效的抗爭。

例如，我們可以研究假性愚蠢（並在企業界找出相對的實例），同樣的對於倦怠及惰性也是同樣的處理方式。至於衝動性自由（不僅是某種形式的自我主張，也是對壓迫者的反抗）也是一樣。奴隸、被剝削的人以及受壓迫的人都會暗地愚弄欺壓他們的人，事後又嘲笑他，藉此達到反抗的目的。這是一種因為自尊的需求所產生的心理報復，我們必須對此行為有更詳盡的解讀。另一方面，對被動性行為也必須抱持同等重視的態度。

我想我可以將我另一本書《知情的需要與恐懼》（Need to Know and the Fear of Knowing）中的例子，在此提出說明。企業經理人和主管，包括企管系教授或企業顧問，應該多多注意勞工的反應以及所引發的憤怒，員工有這些反應也許就是為了要引發憤怒的情緒——這也許就是他們的目的；也許這是一種反擊的手段。在任何情況下，這些心理動力現象是一項非常有價值的判斷指標。就像一支溫度計，可以有效診斷出是否有發燒或某種未外顯的疾病。這些被動、陰險、秘密且迂迴的反擊出現，是因為心中的憤怒，也就是因為被剝削、被支配、不受尊重而引發的憤怒。

我現在要問一個問題：「當你被視為只是個隨時可被替換的小角色、機器裡的小齒輪、一件附屬品（一件附屬品還比不上一台好機器）時，你該怎麼做？」你的成長機會因此被剝奪，不難想像你會為此感到憤怒、仇恨，掙扎著想逃離如此不堪的情況，我想這是最人性、合理而且可被理解的反應。

如果我問經理人、老闆或教授，在這種情況下他們會怎麼做，假如他們不被當人看時，心裡的感覺會是什麼？如果他們沒沒無名，不被視為獨特的個體，而是一個隨時可被替換的人時，他們會怎麼做？這些管理者的回答通常是：他們不會因此而生氣，反而會更認真的工作，努力脫離這種被人否定的環境。不過，這可能是因為這些經理人想要尋求升職的機會，而委屈自己把它當作是升職的手段。

這樣的回答其實逃避了我的問題，因為接下來我還會問：「假如你一輩子都必須這麼做？假如你不可能升職？假如這是你道路的盡頭？」那麼，我想這些位居高層的人，就會有不同的看法，也會出現不一樣的答案。我自己的看法是，意志堅強、有決斷力的人可能是最有敵意、最具破壞力的人，他們的反應會比一般的勞工來得強烈，因為後者已經習慣這樣的想法——一輩子必須過這樣的生活，因此他們的敵意和破壞力並不全面。這些所謂「時間研究」（time-study，譯注，企業管理中研究工作程序的一種科學方法）和「科學管理」（secientific management，譯注，強調藉由規畫、標準化及客觀分析等方法增加員工工作效率）學者，以及上層管理人員，都期望下層工作人員能夠冷靜、安靜、平和地接受奴隸、無名、隨時可被替換的狀態，對這一切不會有任何的不滿。但是如果把這些管理者放進同樣的情境中，可能會立即引發一場革命或戰爭。

有了這層認知，經理人會很快改變他們的想法。一方面是因為他們能感同深受一個人被視為可替換的零件時的痛苦。對這種情況有強烈體驗的經理人，對於受命運所迫、處於機械性情境的員工，有較多的同情。他也會真正了解，心智殘障的女孩為什麼對這種機械性和一成不變的環境，不會有任何的不滿。他還能要求所有人的反應都和心智殘障朋友一樣嗎？

我想對自尊以及尊嚴的心理動力有所了解後，將會大大地改變企業界的情況。因為他們會發現：尊嚴、尊敬以及自尊的感覺，其實很容易給予，更不需要付出任何代價，而是一種態度，一種深層的同情和了解，能以不同的方式自然表達，為處在惡劣環境中的人保住尊嚴。

即使處於不幸的環境或每天重複做機械式的工作，如果有崇高的共同目標，或是員工的自尊不受到威脅，亦是可以忍受的事。其實許多管理文獻中的案例顯示，維持員工的自尊並不困難。例如達爾頓（M. Dalton）的《管理人》（Men Who Manage）一書裡，就針對企業裡的自尊問題，提出許多既清楚又清晰的例證。例如自尊的追求、對自尊尋求的威脅、報復，以及維護受傷自尊的自我治療法。

我想得愈深入，就愈覺得有必要將這些觀念放入心理學中。針對被剝削者或少數族群的心理反應，必須整理出理論性的通則。此外，對於支配的反應也必須建立抽象的理論架構。我必須彙整過去針對各項關係所寫的文章，包括強者與弱者、男性與女性氣質（相互剝削和對抗）、支配與從屬、成人與兒童、剝削者與被剝削者、一般人口與受貶抑的少數族群、白種人與非裔美國人。

也許傳統父權文化中的兩性關係，就是很好的例證。女人過去因為被命令、被剝削，以及被毫無尊嚴的利用而做出的回應，被認為是一種人格特徵——在某些文化或某個時代裡，這就是女性氣質所代表的意義。例如，當我們閱讀土耳其或阿拉伯文學時就會發現，他們完全不把女人當成一回事，女性只是男人財產的一部分，尊嚴這兩個字與她們無關。過去幾個世紀以來，土耳其和阿拉伯男性描述女性氣質、女性心靈、女性性格的方式，也可以在三十或四十年前美國南方殖民地的黑人奴隸身上發現到同樣的情況，當時他們根本不可能公開進行報復行動。此外一個小孩因為覺得受到父母控制而感到害怕（或者我們應該說恐懼），因而想自己獨處，這種情形和我們以上所提的，在父權文化中的女性性格特徵與黑人奴隸性格特徵是一樣的。

藉由以上的比較後，就可以準確地表達我的論點，進而針對支配與從屬的關係整理出抽象的理論；不只是針對人類本身，還可以跨越特定物種。勞工對於受到支配與失去自尊所產生的反應，可被視為生物的自我保護行為，因此反應本身就是人性尊嚴的一種表徵。今天大部分的人對於那些遭到貶抑而採取自我防衛的勞工，認為是人性墮落、不可信任、毫無用處、毫無價值的例證。因為有這樣的反應，使得多數人失去對勞工的尊敬，這現象值得重視。

事實上，這些奴隸如果不以公開而是秘密的方式作出反抗，我會為人類感到驕傲。但我也可以理解，如此一來剝削勞工的資方、奴隸擁有者或支配者會因此憤怒，甚至感到不屑。在企業界有許多個案：剝削者認為被剝削者本該表現出被剝削者應有的性格。就好比野狼總是認為，羊的行為會永遠像一隻羊，非常軟弱溫馴。如果有一天，羊突然改變個性去咬野狼，我可以想像得到，到時候這頭狼不只會驚訝，同時會感到憤憤不平，因為羊不應該有那樣的行為。羊必須安靜地躺著，等著被吃。同樣的道理，如果有一天受剝削的犧牲者突然反擊的話，人類中的狼也會感到很生氣。

另外，我還觀察到一個例子，在我們周圍常常聽到富有而年長的人的對話。富人不斷地說以前的奴隸是多麼的好，而如今卻讓人頭痛不已。這種對話內容不禁讓我懷疑這一切是上帝造成的。這些富有的人以為他們是有教養的紳士和淑女，而奴隸就只能是奴隸。奴隸對主人忠心是理所當然而且應該的。當他們的奴隸有機會逃離被剝削的情況，或是有機會脫離奴隸生涯時，就感到怒不可抑；就像一位皇后妻子，對於奴隸丈夫突然起而反抗，感到無法忍受。「這是不對的，不應該變成這樣。」他們也許會這麼說。「這是醜陋的、骯髒的、令人失望的，這些人（奴隸）不應該這樣做。」

他們所描述的「這些人」，是一群溫順、非常適應奴隸生活的人。他們喜歡被奴隸，也很習慣這樣的情況，他們的敵意已消失無蹤或是被深深壓抑，沒有任何浮現表面的跡象。但是，在今天的民主社會裡，如果還有這種甘為奴隸的人，我們應該為他感到難過，而不是高興。這樣的人就是我們所討論的違反人性的高層發展，包括創造力、成長以及自我實現。如同精神官能症的病況，也許我們可以將其視為一種罪孽、邪惡，或是人性的弱點和退化。但是如果更深入了解，我們也可以說，這是一個受到驚嚇的人間接達成健康、成長和自我實現的一種掙扎，因此處於惡劣環境下的勞工會產生上述的反應。他也許會用各種低下的手段刻意去除他的人性以表達心中的憤怒，但這更證明他的恐懼而非成長動機的缺乏。他的敵意。只是為了脫離被剝削的情況。換句話說，當尊嚴遭到打壓時，這種憤怒的回應更凸顯人們對尊嚴的強烈需求。

接下來必須研究的問題是：「我們如何避免企業發生剝奪人性尊嚴的情形，或減少它的發生？事實上，以上的情況在企業裡很難避免，例如裝配線。那麼在此種環境下，我們該如何排除種種不利因素，盡力維護員工的尊嚴和自尊？」

專訪雪莉．蘿絲

「我們可以用一種新的態度來解決任何組織的管理問題：如何建立一種社會情境，讓個人的目標和公司的目標相結合。」

——馬斯洛

馬斯洛在三十七年前就提倡的理念，至今依然盛行不衰。這種把個人的目標和公司的目標互相結合的觀念，已被許多企業納入組織管理中。我們訪問蘋果大學（蘋果電腦）前總裁雪莉．蘿絲（Sherri Rose），談談如何將個人目標與公司目標相結合。蘿絲協助創辦了全美最先進的企業大學。她目前的工作，即是努力達成兩種目標間的複雜平衡作用。她目前是一位企管顧問，我們互相交換了對馬斯洛理念的看法。

問：馬斯洛博士認為，在企業界工作，可協助我們將個人的目標和公司的目標相互結合，在妳看過馬斯洛的著作後，可以完全了解他心中的想法，而今天企業界最熱門的話題也是如何結合個人的目標和公司目標，妳覺得這是有可能實現的嗎？

答：是的，我想那是絕對可以實現的。我就曾以小規模的團隊實現了這項理念。他們是所謂的高績效團隊。事實上，我從馬斯洛書裡讀到的，與我們的高績效團隊概念非常類似。我想除非每一位成員的價值以及信念能在工作中實現，否則團隊不會有好的表現。

問：妳可以舉例說明嗎？

答：蘋果大學的管理重點在於人力和財務資源。蘋果電腦是一家全球性的企業，我們必須透過網際網路，將所有管理訊息和訓練資源同步傳達給每一位員工。我們將所有人的技能和位置整合在一起，以最快的速度執行每一件工作。我們的價值觀已經融為一體，每一個人都期望快速地提供每位員工相關的資訊。我們都相信這個目標。行政人員負責註冊事宜，發展顧問努力蒐集資料，技術人員專注於自己的工作。不論處於何種職位、負擔何種責任，每個人都在為最後的產品貢獻自己的力量。這是非常有創意和刺激的工作，因為我們相信自己所能創造以及所提供的價值。在工作的同時，我們也得到了樂趣。彼此互相支援，卻沒有因此讓對方感到不勝負荷。

回想起來，我發現這是因為我們能相互尊重個人的能力範圍和限制，同時也為自己的成就感到自豪。大家都很了解，每個人都需要別人的讚美，也很在乎他所付出的貢獻。

問：在你們試圖把個人目標和公司目標相互結合的過程中，曾經遇到什麼障礙或出現任何差錯嗎？

答：馬斯洛認為人類可以達到這個目標，因為這是正確的方式，你可以利用此方式做為一種控制策略。我想在進行這項計畫時，最大的問題是，沒有仔細傾聽團隊每位成員真正想要的是什麼。然而，在設定願景和目標之前，我會深入了解員工真正感興趣的是什麼。他們喜歡什麼樣的工作？討厭什麼？我不斷的調整工作計畫，希望每個人都能接到他們所喜歡的案子。但是有很多時候，我必須向員工解釋，雖然你不喜歡這件工作，但團隊必須接下這項任務。不過我仍盡力做好整合：將每個人放在正確的位置，從事自己有興趣的工作。

當然也有無法整合的時候。我記得有一個訓練員說她不想做了。我就跟她說，已經有三個訓練員離開了，現在你也不想做，我認為沒有選擇的餘地。那時候，這件事讓我深受打擊，為了讓她成功，必須想辦法讓她在另外一個領域獲得成長，並且繼續擔任訓練的工作，這才是真正的平衡作用。有時你必須被迫向人說「不」。另一方面，在某些情況下，你必須清楚為什麼會下這樣的決定。必須想出一個辦法，讓你對他說不的人，可以在自己有興趣的工作中繼續成長。

問：馬斯洛很多年前就告訴我們，有一天人們會轉而追求更高的精神層次，而不是金錢。妳在蘋果公司待了十年的時間，而許多位於矽谷（Silicon Valley）的公司莫不想盡辦法留住人才。當妳談到要幫助員工在他們有興趣的工作中成長時，不是和馬斯洛的理論不謀而合嗎？

答：是的，不過卻很難一概而論，因為有些員工才剛進入職場不久，這些人的需求和已經在社會歷練一段時間的員工不同。員工在不同的生命階段會有不同的負擔，這時金錢就非常重要。當一個人在組織中獲得晉升時，金錢上的安全感使得他們轉向其他的需求。在這種情況下，我想馬斯洛是對的。事實上，因為他的看法對我來說是如此的正確。我有時候覺得他不只是一個哲學家，反而更像一個預言家。

一旦人們有了安全感，不再感到飢餓，什麼工作都會願意去做，而且也不會在意是什麼職位，他們只想學習和成長。也許我的判斷不是很正確，因為我一生的黃金歲月都貢獻給這個地方，而我身邊圍繞著很多這樣的人。不過話又說回來，到這裡工作的人，其實都必須承擔很大的風險。例如，這裡是美國房價最高的地區。這裡的改變和工作速度非常可怕，我發現來這裡工作的人，都有接受挑戰和追求成長的強烈需求，這些人希望以自己的技術和想法改變世界。當最核心的財務問題獲得滿足後，公司的最大挑戰就是將員工的個人興趣、成長的需求，與公司的需求相互結合。

問：所以妳覺得馬斯洛所說的，結合個人目標與公司目標的理論會實現嗎？

答：讓我這麼說吧！舊觀念有新的解讀方式。彼得．聖吉（Perter Senge）即針對理論賦予全新的意義。他對於我們所討論的「分享願景」（shared vision）做了深入的研究。這是個好的開始。誰會說將個人目標融入公司目標是個不好的想法？誰會反對人可以從工作中成長、學習以及自我實現的主張？這種觀念對人們的需求而言是很基本和重要的，許多企業領導者都能理解這個觀念。但是，實際執行又是另一回事。我擔心愈來愈多人只會嘴上說說，卻沒有執行的能力。我們現在所談的是組織中最難實行的工作。你必須去分析、花時間苦思如何設定工作內容、如何整合員工，徹底了解這些人對工作的感覺是什麼，以及他們對這家公司的感覺是什麼等等。然後才能真正的採取行動——將理論付諸實行，這是最難的部分。如果你已經開始進行整合的動作，卻沒有全心投入，最後只能淪為失敗的下場。

我們必須記住，企業是大型的人類聚集所，人與人之間緊密地結合。一切都與人有關。

我們彼此相互交談，毗鄰而居，努力達成共享目標。當我們所探討的整合問題獲得解決時，組織中的員工就能緊密地結合。同時領導者的角色也必須隨之改變，領導者必須相信這些理念，並確實地執行，否則員工很快就會看穿高層的內心想法，覺得他們只是隨便說說而已。

領導者的魅力、一場令人振奮的演說，一份辭藻華麗的聲明都不重要。這種說法聽起來似乎很迂腐，但有很多的例子顯示，真正的領導者必須清楚表達他所要說的話、支持某項行動，此外當公司所代表的價值遭到侵犯時，必須採取行動。

問：妳覺得什麼性格的領導者適合進行個人與公司目標的整合工作？

答：如果員工與組織的目標確實整合，當公司陷入困境時，就不需尋求有遠見的領導者設定策略或找出解答。在我們今天所處的世界裡，如果相信這些領導者能提出解答或指引，將是一件非常荒唐可笑的事。

問：妳可以舉例說明嗎？

答：其實使我好奇的是，如果我們真的運用馬斯洛的理念——組織的需求層級，當我們處於危急情況時，會先注意兩個層面，那就是馬斯洛金字塔中的安全層次。譬如，當公司陷入困境時，領導者必須採取某些行動讓公司存活下來，包括削減成本；他們也許會要求員工執行可改善財政的短期計畫，例如設計新的軟體，進行加盟或合夥等。但這些行動事實上會威脅到員工的安全需求。雖然削減成本、停止財務流失非常重要，但是這些挽救組織的行動卻會產生不確定和恐懼感，並對員工的安全造成威脅。員工必須有較高層級需求，才能有更優秀的表現，否則公司在長期下沒有存活的可能。

在危機時刻，唯有員工了解公司的願景，才能讓以上的行動達到正面的效果。如果員工清楚公司未來的藍圖，就會願意與公司共同奮鬥下去，他們願意犧牲、更努力的工作，即使未來都不確定，仍有很高的生產力。但是員工與公司的目標如果無法整合，而你又無法說明公司未來的願景時，員工就會反問自己，為什麼還要在充滿不安全感的環境工作？

舉例來說，當我還在蘋果電腦工作時，有很多外面的朋友跟我說：「妳瘋了嗎？妳到底怎麼了？妳應該去找另一份工作。妳很快就會被裁員，誰知道妳的薪水能領到什麼時候。」但是，我已經將大部分的心力投入在網際網路訓練計畫裡，只要我能繼續學習和貢獻，就願意待在這裡。我依舊支持這家公司的理念。剛開始的時候，這樣的企業文化在矽谷是微不足道，但之後卻改變了整個電腦業。這個理念讓員工清楚公司的經營方向、部門的工作內容，以及個人工作對終極目標的貢獻。

在我即將揮別蘋果電腦之際，我想說的是，人們當初離開蘋果並不是擔憂薪水的問題；他們離開的原因是不知道公司下一步要走向哪裡。願景的力量是何其大！當蘋果史帝夫．賈伯斯（Steve Jobs）回來後，蘋果電腦的股價就在華爾街市場上漲了二%，為什麼？這家公司依舊在虧損，但是他具體實現了公司的願景，這就是力量所在。

11 管理是一場心理學實驗

會計人員必須努力將無形的人力價值，也就是組織內人力的提升，納入資產負債表的計算中。

關於人類動機，有許多有效的數據、企業實驗以及臨床心理學資料，證明採行Y理論的管理是可行的。但我們必須記住，就像是飛行實驗，驗證實驗的數據並非最終確定的數據，也非全然可信。還有很多令人懷疑的地方：事實上，有很多學術界的專家以及企業經理人質疑這項理論的可行性。他們的質疑不無道理，有許多證據、實驗以及數據反駁這項新理論。我們必須承認還有很多值得討論的空間，整個理論仍處於實驗階段，我們必須蒐集更多的數據和答案，解決即將而來的疑問。

例如，新式管理哲學相信人性本善、值得信任、喜好知識與受到尊敬。但事實是，我們並沒有確切的量化資料，說明有多少人對工作懷抱熱情、努力追求事實與真相、講求效率。當然，我們知道有些人確實有這方面的需求，我們也多多少少知道，這種需求會在什麼樣的情況下出現。不過，我們並沒有針對多數人口進行普查，因此沒有量化的數據可以告訴我們，有多少人喜歡要求別人執行他們心中的想法。我們不知道如何回答以下的問題：到底有多少人是無法改變的獨裁者？

這些都是建立開明管理制度所需的關鍵性資訊。我們不知道有多少員工，真正想要參與公司的管理決策，有多少人不願有任何的參與；有多少人將工作視為謀生的工具，與興趣無關。

例如，有的婦女出外工作，只是為了養育小孩。其實，她喜歡的是一份美好又愉快的工作，而不是令人厭惡的工作。問題是，對她來說什麼是令人厭惡的工作？如果她關心的是小孩而不是工作，那麼她全心投入工作的意願會有多高？有多少人其實比較喜歡獨裁式管理的老闆，寧願被告知怎麼做，而不想自己花腦筋去思考？有多少人只看得到具體的事物，對於未來的計畫感到不可理解和索然無味？有多少人喜歡誠實？另外有多少人打心底就喜歡不誠實？人們有多麼不願意成為小偷？我們對人的惰性知道得不夠多，也不是很清楚人到底有多懶惰？什麼樣的情況下能使他們不懶惰？

這些都只是實驗而已（因為手中掌握的資訊不夠充分），就像民主政治也是一項實驗，它是基於一項未被證實的科學假設：人們喜歡掌握自己的命運，只要有足夠的資訊，人們就能為自己的生活做出明智的決定，喜歡自由，不願被指使，對於影響他們未來的任何事，他們都希望有發言權。然而，所有假設都沒有經過精確的證實，所以我們稱它為科學事實（secientific fact），就像我們把生物學上的事實視為科學事實。我們有必要知道更多的心理因素。我們必須明白，這些都只是信心條款（articles of faith），而非最後的真理。或者可以說，這些都是有某些根據的信心條款，但仍不足以說服那些性格上反對這些條款的人。

我想這項科學事實的最後測試結果，會讓原本不贊同的人，不得不接受事實。當所有獨裁者看到關於獨裁者的研究資料，並因此認為自己的獨裁人格是非必要的、病態的或反常的，那麼關於獨裁人格的研究知識就可成為最後的定論。如果獨裁者可以對於所有證據置之不理，這表示我們所蒐集的事實不夠充分，仍無法形成定論。

如果我們仔細究麥克雷格的觀點——採取與X理論完全相反的人性主張，就會發現我有許多關於動機、自我實現的研究資料，與他的結論相符。但所有人都必須知道，若把這項理論視為最後的定論，是非常危險的事。我在動機方面的研究基礎是來自於臨床經驗，是針對神經質病人的觀察而來。已有某些關於企業界的研究，證明此項理論亦適用於企業，但我仍須進行更多的研究，才能說服自己，這項針對神經質病人所做的研究可以轉移至工廠員工。

我對自我實現的研究也是一樣的情形：在所有研究中，只有這項研究有效。許多取樣發生錯誤，依正統科學而言，這項實驗是無效的。我願意承認——事實上，我急於承認這項研究仍在實驗階段，我擔心某些熱心的人會全盤接收，他們應該像我一樣，對一切事實有所保留。這項實驗必須不斷地重複和檢查——必須通過其他社會的試驗。這項理論的事實根據——當然已經有許多事實根據——主要來自於心理治療師，如羅嘉思和弗洛姆。

當然，將心理治療的情境運用到企業界，仍需要更多的測試，以證明是有效的運用。至於我對知識需求、好奇心的研究也是一樣，儘管我相信自己的結論，但我仍願意像充滿好奇心的科學家一樣，承認這項研究必須經過他人的驗證後，才能成為定論。我們必須小心數據是否出錯，更多的研究絕對有其必要。自滿與確信只會阻礙研究。

另一方面，我必須明確的說，X理論管理的事實根據接近於無——比Y理論要少得多。它是完全根據習慣和傳統而歸納出來的結果。儘管它的支持者辯稱這是依據長期經驗所得出的結果，仍無法改變證據薄弱的事實，習慣只是一種自我實現性預言（elf-fulfilling prophecy）。以X理論所主張的方式對待員工，只會讓員工產生X理論所預測的行為。

我的結論是，Y理論的事實根據仍不完全，因此無法獲得完全的信任，但是X理論更缺乏證明。所有符合科學根據，而且適用於企業界的研究均支持Y理論，沒有一項證據支持X理論，除了某些特殊情況。

同樣的情形也發生在獨裁性格的研究上，所有的證據都支持民主性人格。然而在某些特殊情況，獨裁性格是較佳的選擇。例如，在過渡時期，擁有獨裁性格的教師比起民主而被動的Y型性格教師，更能管教獨裁性學生。在更為複雜的企業文化中，也有同樣的情形。我想到鮑伯·霍特（Bob Holt）的適應價值（adaptive value）和妄想性格的證明；他證明此類性格的人比起正常人，更適合當偵探，或至少和正常人擔任偵探一樣優秀。

X理論和Y理論：你適合哪一種？

大約在三十八年前，麥克雷格提出一項新的管理制度。在他的《企業的人性面》（The Human Side of Enterprise）書中提到，如果員工的潛能可以徹底地發揮，企業的表現亦將隨之改善。

麥克雷格發表的X理論以及Y理論概念，是針對人類行為所做的一系列假設。事實上，X理論以及Y理論中，有許多概念是取自於馬斯洛的需求層級理論。很多人說麥克雷格的理論替馬斯洛理論建立起崇高的聲譽。在馬斯洛的日記中，他也常常提到麥克雷格。

我們發現，麥克雷格理論中某些重要的概念，常常在翻譯時有所遺漏。X理論和Y理論並非某種管理模式，只是一些關於人性的假設，而這些假設對管理模式的發展有極大的影響。

用麥克雷格自己的話來說：「高層管理人員最重要的課題是：關於管理員工最有效的方法，你的假設為何（包括明文規定及默示）？管理階層對於控制人力資源所抱持的假設，將決定企業的整體性格。」

所以我們要問，你是否相信：

一、一般人是不是都比較不喜歡工作？經理人以及組織必須時時刻刻控制，指引和確保員工有稱職的表現？一般員工喜歡遵照指示做事，並且視安全的需求為第一要務？一般員工都沒有成就大事業的野心或需求？

二、對一般人而言，工作與休息或玩樂一樣地自然，而且必要。每個人學習自我控制，展現進取心，當他們全心達成目標時，會主動承擔起所有責任。他們因為獎賞而願意全心奉獻，而非出於恐懼，尤其是無形的獎賞，例如成就感和自我實現；一般人擁有許多未開發的創造力和創新力。

以上所提的第一個問題，就是X理論的主張，第二個問題則描述Y理論的主張。根據管理顧問及作家吉姆．柯林斯（Jim Collins，《基業長青》（Built to Last））所說，「X理論管理目前仍是主流。許多經理人及企業家仍假設，人不能百分之百地被信任，必須時時刻刻受到監督，需要足夠的動機，或是認為人們不願努力工作。害怕、不信任，壓迫以及威逼利誘的管理方式和獨裁主義在一九九〇年代相當盛行。不只是大型企業實行這種獨裁制度，連許多中小企業也都是遵循X理論管理員工。」

X理論是如何在企業運作？麥克雷格自己就提出最好的例證。我們節錄一段他在一九五四年的演講內容：

「幾個星期前，我與一家位於劍橋的小型企業的主管開會。他們都有一個共同的困擾，就是想盡辦法讓員工準時上班。小組的對話方式引起了我的興趣。有一個人建議說，最好的解決辦法是設立一個打卡鐘。有的人說，應該在每個部門最顯著的地方，放一本簽到簿，請每個員工寫上自己的名字以及抵達時間。另外還有人提議說，在辦公室的入口設一個旋轉門，八點半以後就在門上掛一個鈴噹，遲到的員工經過時，鈴噹就會響起，整個部門的同事都會聽到，遲到的人就會覺得面上無光。以上這些非常嚴肅的提議，都是一些表現傑出的主管所想出來的。他們以為可以輕易地解決這個問題，但他們沒有考慮到造成這些問題的背後原因以及態度。我冷眼旁觀這些人的討論，不發一言，最後產生這樣的感覺：並非每個人都自願準時上班。這些態度和信念，都隱藏在表面下，沒有被拿出來公開討論，而這正是經理人會提出以上建議的原因。」

而對我們這些認同馬斯洛以及麥克雷格理論的人來說，接下來的挑戰並不是思考如何激勵員工，而是應該創造一個環境，讓員工願意主動發揮內心的最高潛能和動力，對公司做出最大的貢獻。也許第一步應該做的是，分析組織的政策和作業程序。

另外，自從我讀了史卡頓（Scoutten）所寫，麥森．黑爾（Mason Haire）編輯的《企業實務的組織理論》（Organization Theory in Industrial Practice）一書之後，我有一種想法。只要我們考慮企業的長期健全（而非短期健全）、民主社會的義務，組織對於員工與經理人高度發展的需求，那麼對Y理論的需求將會更趨強烈。他談到在其所任職的梅泰德公司（Maytag Company），生產與行銷是這家公司的功能和目標。其餘的事他都認為是次要或不重要。這是一種極為孤立而壓縮的觀點。在他看來，公司與社區、環境或社會沒有任何關係，甚至沒有任何債務關係。至於民主社會的高等教育、尊重法律與財產等因素，他都未考慮進去。如果將其包括進去，那麼公司或企業就必須對社會有所貢獻，也會對社會有所需求。史卡頓所主張的企業模式只有在法西斯式經濟體下才能實行，至於在現今的民主社會則完全失效。因為在民主社會，企業與個人對社會有其相對應盡的義務。

如果我們要保持企業的長期成長，關於企業與社會之間的關係就必須有更深入的討論。企業與社會的相互關係，就長期而言會愈趨於緊密：健全的組織需要穩定、成熟、受良好教育的員工（不能僱用違法的人、罪犯、玩世不恭的小孩、被縱容寵壞的小孩、憤世嫉俗的人、好戰者、破壞者，不過這些人都是非健全社會下的產物）。換句話說，不健全的社會無法成就健全的企業，至少就長期而言是如此。雖然，獨裁社會或獨裁企業，或在恐懼和飢餓狀況下也能生產好的產品。或許我應該去研究西班牙出口哪些物品，南非的黑人生活如何，他們能生製造什麼產品？

事實上我們也了解，健全的企業在混亂、戰爭、傳染病盛行、罷工、充滿暴力謀殺的環境下，也無法正常運作。因此文化本身必須健全，不能有貪污、政治賄賂、宗教腐敗或宗教主控的情形發生。企業必須在不影響社會道德與健康的前提下，才能自由地發展——還不能有太多的政治干預。

事實上，那些只注重利潤、產品銷售的公司，是企圖從我以及其他納稅人身上占便宜。我們負擔學校、警察局、消防局、衛生部門以及其他單位的費用，以維持一個社會的健全運作，為企業提供高度發展的員工及經理人，但是這些企業對社會的回饋卻是如此地微不足道。我覺得為了公平起見，他們應該對社會做出更多的回饋——塑造好市民，人們因為良好的工作環境，而變得更仁慈、有愛心、更善良、處處為他人著想。

我覺得有必要制定符合道德倫理的會計制度，這項工作有一定的困難度。在此制度下，對於協助改善社區、提升居民品質、創造民主性格個人以及增進民主發展的企業，應該給予稅額減免的優惠。至於對民主政治、優良學校毫無貢獻，並使人們變得偏執、敵意、惡毒，更具破壞性的企業，則必須處以罰鍰。這是對整體社會的蓄意破壞。他們必須對此付出代價。

會計人員必須努力將無形的個人價值——源自於員工人格的提升，納入資產負債表的計算中，使他們更優秀、更合作、不具破壞力。企業值得花錢僱用這樣的員工；值得花錢訓練、教導他們，將他們組織成為高績效團隊，企業也必須盡力吸引這類的員工或工程師的加入。這些金錢與努力的花費將轉化成會計數字，企業為改善社會所做的貢獻也將反應在損益表上。這些績優企業有較低的信用風險，是貸款銀行樂於往來的對象，更是投資人心目中良好的投資標的。

馬斯洛的Z理論

「我終於注意到『薪資層次』以及薪資的種類問題。最重要的是，除了金錢的支付外，還有其他的薪資支付方式。事實上，隨著生活的富裕以及個性的日趨成熟，金錢的重要性已逐漸降低，取而代之的是，更高層次的薪資支付。另一方面，金錢的支付似乎仍有一定的重要性，但並不在於真實而具體的數目，而是在於它是個人地位、成功、自尊的象徵，這些都是贏得他人喜愛，讚美與尊敬的重要因素。」

——馬斯洛

一九六八年，馬斯洛希望以全新的Z理論來打破舊有的管理理論。他說：「美國正走向一個管理式的社會。」他堅信人性化的工作環境將是時勢所趨，因此他開始蒐集各種求職廣告，追蹤這項全新的改變。他讀遍徵求專業人才、行政人員以及主管階層的廣告，並發現除了金錢的訴求外，這些公司都是以「更高層級需求」來吸引人才。多半的廣告會強調友善的工作夥伴、怡人的工作環境、責任制、自由和自主，員工可以將自己的理念付諸實行，這是一家員工引以為傲的公司，一個全新的嘗試等等。

Z理論假設，人們一旦達到經濟上的安全感，就會努力提升生活的價值，尋求一個可以發揮創造力以及生產力的工作場所。雖然馬斯洛在還沒完成Z理論以前就去世了，不過我們從今天的種種例證中可以看到，馬斯洛的想法已經比當時超前了好幾十年。

美國《財星》一九九八年的封面故事，就是Z理論的一個例證。標題是：〈美國游氏公司——我是新企業人〉（Yo Corporate America——I'm the New Organization Man）。文章中描寫的是「金領工作者」（gold collar worker）的需求和期望。他們大都希望擁有高薪，對工作的認知是「有趣、刺激，可以讓他們了解自己是什麼樣的人」。《財星》雜誌的記者在研究美國的求職現況後，做出以下的結論：「工作不只是用來支付房租而已，最重要的，是要能達到自我充實的目的。」微軟一位三十歲的主管理查巴頓（Richard Barton）更將Z理論帶進日常生活中，他說：「工作並不是工作，而是一項你可以得到金錢報酬的嗜好。」

專訪喬治・馬肯

「對一個企業的會計而言，最大的問題是，如何把無形的人性資源，換算成有形的數字，納入公司的財務報表裡，包括組織的統合程度、員工的教育程度，為建立良好的工作團隊所付出的時間與金錢總合。簡而言之，所有未能在損益表上顯示的人力資產，均會影響企業的長期獲利。」

——馬斯洛

美國加州曼羅公園沙山路（Sand Hill Road）三〇〇號，等於是權力、尊貴與商場藝術的代名詞。這裡是創投家的眾居地，他們透過籌資、合併和收購，創造了美國經濟的榮景。他們不斷地尋求下一個高利潤的投資機會，沙山路已成為美國企業發展史上的一個傳奇。喬治・馬肯（George McCown）就在這個金融聖地成立自己的事業，他和他的合夥人大衛・里瓦（David De Leeuw）在一九八四年創立了馬肯與里瓦公司（McCown and De Leeuw & Co.）。這是一家私人投資銀行。我們發現，它們是很容易讓員工達成自我實現目標的大公司。

問：在你所從事的產業裡，主要是協助建立績優公司，你同意這種說法嗎？

答：我們的產業，對大部分人來說非常陌生。有許多是私人募集的公司。其實，要仔細定義這個行業的話，共有三或四個次類。最大的部分是我們所謂的管理收購（management buy-outs）。去年從某些機構以及富有家庭募集了五百億美元的新資金。創投（venture capital）部分有一百億美元，收購的部分約有三百億美元。我和里瓦在十五年前創立這家公司以後，投資比率剛好相反，創投部分要高於收購部分。在我們成立之初，很少人知道這一行業。但當初創辦之時，我們的工作是建立優良而健全的企業。

我從創投業以及我擔任美國公司主管的經驗中，得出「不適任企業主症候群」（the wrong owner syndrome）的想法。不適任的企業主就像不適任的老闆，對組織會有極大的影響。不論私人募集或公開上市的公司，都有「不適任企業主症候群」。

在我自己的工作經驗裡，最令我感興趣的是「拯救這些公司」。不論公司是否正出售或轉投資部分事業，我發現，一旦把公司的資產交到員工的手中後，業績竟然又奇蹟似的好轉起來。當然所有的員工都會覺得很快樂和興奮。我從這一點體會到，一家企業之所以會遭到困難而且無法解決，那是因為過去的一些政策決定完全掌握在少數企業主手中，加上他們都只專注在公司的財務盈虧，這種以自我為中心的管理方式，導致企業走向衰敗的命運。

我曾經是一個大型集團重要部門中的一分子，曾經有為新想法辯護的親身體驗。我們的工作就是幫企業找尋一位適任的企業主或協助原企業主改變——我們通常會與管理人員共同合作。不論是既有的管理階層或我們另行尋求的管理人才，我們都希望提供一系列焦點集中、方向一致的目標，將每個人組織起來，站在同一陣線上。我們所做的，就是讓公司各個部門相互獨立、業務集中，每個人都能各盡其職。我們也希望能創造一個良好的工作環境，讓每位員工都能達到自我實現與創造的目標。

問：馬肯和里瓦公司如何協助業主建立一家完善的公司？

答：資本主義的浪潮席捲全球，目前我們在美國以及世界各地所進行的工作，就是（至少有一些人已經開始嘗試）重新定義價值觀，這個價值觀能將我們在市場上所採取的行動與健全社會的核心價值相互融合。當你看過馬斯洛的著作後就會發現，他也提到很多這方面的觀念。他不愧是一位具有遠見的先知者。不斷思考新的概念，憑自己的直覺大膽假設，而後回頭檢驗心中的想法是否可行。

現在讓我們來談一談願景，這是我針對組織在最高度自我實現模式下，對可能的運作情形所描繪的心靈圖像。為了讓你更了解我的說法，我以你比較有興趣的事物談起。

我的圖像和你的會有些不同。這個圖像觸動了人類最高層、最良善的心靈，人類的靈感與抱負就存在於此。願景可以激勵公司所有人共同朝向一個崇高的目標邁進。這個崇高的目標就是，我們每個人與世上其他所有人、所有事物緊緊相連。經由充分的討論，我們為績優企業下了定義：這企業讓我們引以為傲；當我們一想到它，就全身精力充沛；它在產業中表現得出類拔萃；它能吸引最好的人才；其他社區都希望能有這樣優良的企業進駐；所有的廠商都爭先恐後與他們做生意；所有的顧客都樂於與他們往來；股東們也都很高興能成為這家企業的股東。我們最大的不同是將股東的想法考慮進去。我們希望建立的公司，能顧慮並平衡所有股東的權益。如今，我們真的做到了，也滿足了所有股東的需求，更創造出超水準的財務表現。

問：你如何實現這些目標呢？

答：首先，我們會尋找正處於轉型期的公司，而它所處的產業在成長階段，值得我們進入並買下一家基礎不錯的公司。我們會提供必要的資源與策略，以及創造高績效組織所需的思考模式。只有員工願意達成自我實現，組織才能達到自我實現的目標，而這是我們工作最有趣的地方。最後的結果也讓人驚喜不已。到時候人們一早起來，就會迫不及待地去上班。

不過，在我們達成金字塔目標後，發現還漏掉了一些東西。我們並非在馬肯和里瓦一起工作。我們仍在「自我系統」（ego system）裡運作。自我系統有很多特徵，其中之一就是人與人之間的激烈競爭。在強調競爭的情況下，建立合作的工作團隊變得更為困難。然而這就是我們現在的情形。這也是工作團隊運作不良的原因。成員彼此相互競爭，但我們卻無法理解為何會這樣，我們以為情況原本就該如此。我們的錯誤在於，我們沒有發掘人性的另一種可能。我們懷疑某些人，尤其是特別注重精神生活的人，知道更好的方式。我們公司每個人都在努力找出更好的辦法。

問：談談在你這裡工作的員工。我在大廳看見你的幾位工作夥伴。我翻閱了他們的背景經歷。他們是令人印象深刻的團隊，都擁有很優秀的學歷背景，而且都有在大型公開上市公司工作的經驗。我也知道所有的新進員工都來自各地首屈一指的學校。

答：他們來這裡工作，是希望能建立好的公司，而不只是單純地從事金融交易。這是和我們同行其他從業人員的不同。建立績優企業的目標徹底地改變了我們公司。毫無疑問的，我們不能回頭。我們現在所談的並不是一件簡單的事，而是最艱困的工作，不過一旦你投入進去，就不能回頭。在我們不斷地討論，改進那些阻止我們達成綜效的事物後，我們開始漸漸地轉變。如果他們不和馬肯和里瓦站在一起的話，我們就不能使所購人的企業跟著有所提升，如今我們變得非常的有效率。

問：這種建立偉大企業的政策如何在這個金融社區裡運作呢？

答：因為上次募集的資金即將短缺，所以我們必須再次募集。這是常有的情況。就在這次募集資金時，我們討論到這個問題。我們苦思如何對那些頑固的華爾街人士，說明我們的理念。我們得到一個結論。他們也是人。他們也有追尋自我實現的內在需求，心中也懷抱有崇高的目標。他們也很清楚，在差勁的組織與完善的組織中工作，有什麼不同。因此我們就從這個角度切入，直接說中他們的心中要害。結果呢？我們募集到的資金是當初預期的兩倍。我們原本的目標是四十億美元。以上就是我對華爾街的回答。

問：馬斯洛在他的著作裡提到，實行開明管理的組織能創造更健全的社會。你希望創造自我實現的員工與組織，這個目標似乎與馬斯洛的理念一致。這點你同意嗎？

答：我完全同意，在全球正經歷轉型的時期，企業扮演一個相當重要的角色。也許比其他單一機構都來得重要。這是一個全新的角色。企業家的地位一直都很重要，但要創造一個健全的社會，則是一個全新的嘗試。我們必須了解這個角色的意義，提升自己的意識。我們必須決定，個人或全體是否願意接受這份重責大任，共同努力塑造良善人類。這是我們留給後代子孫的禮物。這是全新的企業概念。問題是，我們願意接受嗎？企業是人們花費大半時間工作的地方。我們公司和非營利組織在建立健全社會方面，比起其他我所能想到的機構，承擔更重要的責任。

12 開明管理的終極目標

所有關於開明管理與人性化監督的實驗，都可以同胞之情的角度來分析。在此情況下，每個人都是一位工作夥伴而非員工。

新的管理理論顧及人性的高層與低層需求，但現在的問題是，如何與那些對新管理主張並非一無所知或懷疑的人溝通，如何教導與傳遞這種管理方式的終極目標。我認為不同的人就有不同的溝通方式，你必須先了解他們的價值觀，找出什麼是他們認為最重要的事。

例如，對愛國的美國人來說——這是指發自內心的正常情況下，而非指那些美國革命女兒會（Daughters of the American Revolution）①或美國軍人退伍協會成員，或約翰・布區（John Birchers）②之類的人——我們必須將「愛國者」回歸到原始的本意，新的管理模式是另一種形式的愛國主義，是熱愛國家、熱愛美國的表現，同樣適用於企業界。如果民主政治思想有其意義存在，那麼開明管理可視為民主思想的一部分，可運用於工作環境中。此外，開明企業能協助創造更民主、更慈善、更不具破壞力的公民。

如果把範圍擴大，我們可以說，一個民主社會為了繼續生存，絕對需要能為自己思考、為自己判斷、為自己投票的人民——也就是能管理自己並協助管理國家的人民。獨裁企業的作法正好相反。摧毀民主社會的最佳手段除了政治上的獨裁主義外，還有企業的獨裁主義——徹底地反民主。因此，任何想要幫助國家、獻身於國家、為國犧牲並願意提升國家競爭力的人，如果他的想法正確，必定會將全新的哲學思考帶入生活中。這就是所謂的新企業和新管理模式。

至於人們對宗教信仰的重視，其實與開明管理並不衝突。開明管理亦是認真而嚴肅地看待宗教的一種表現。不過，如果你把信仰宗教視為只是星期日上教堂，聽講道而已，那就完全不相關。但有些人認為宗教無關乎超自然、儀式、慶典或教條，而是對於人類全體、種族、人與自然的關係、人類未來等議題的深沉關懷。開明管理可使能力有限的人類，發揮最大的潛力創造美好的生活以及健全的社會。

對社會哲學家以及一些社會理論家而言，這項理論是對舊有的烏托邦思想的修正。過去烏托邦學者的問題，在於他們只是一味的逃避紛擾的文明社會，從未試著協助改善社會。工業化和社會的複雜性是我們必經的過程。如果我們真的回到過去的農莊生活，一、兩年內將有四分之三的人類會死去。只要工業化仍持續發生，布魯克農莊（Brook Farm）的烏托邦式生活就不可能發生。也許某些特定人士適合過去的農莊生活，但絕不適於全人類。我們必須運用工廠而非逃離工廠。因此，開明管理關於社會層面的心理學思考，可被視為另一種烏托邦式思考，所不同的是，它承認工業社會存在的必要。

工作場所的心靈生活

「人們對宗教信仰的重視，其實與開明管理並不衝突。開明管理亦是認真而嚴肅地看待宗教的一種表現。不過如果你把信仰宗教視為只是星期日上教堂，聽講道而已，那就完全不相關。但有些人認為宗教無關乎超自然，儀式、慶典或教條，而是對於人類全體、種族、人與自然的關係、人類未來等議題的深沉關懷。開明管理可使能力有限的人類，發揮最大的潛力創造美好的生活以及健全的社會。」

——馬斯洛

在十年前，可能很少人會想到舉行關於心靈的企業會議，更別提出書。但在今天，宗教被視為「工作場所必要的性靈活動」，宗教的重要性更甚以往。由心靈大師狄巴克．喬在拉（Deepak Chora）——將東西方神祕主義與美國文化相互結合——所經營的企業靜修所，兩年前就已全部被預訂。許多相關的暢銷書，如《生命的領航》（Leading with Soul）、《心靈雞湯》（Chicken Soup），《與成功有約》（The Seven Habits of Highly Effective People）、《耶穌談領導》（Jesus as CEO）和《飢渴的心靈》（The Hungry Spirit）等書，一上市就銷售一空。

但是，如果我們研讀馬斯洛博士的著作，就會發現「工作」本身就會激起人們對心靈的全新興趣。全球所有的企業都必須經歷定義目標，價值和任務的過程。這個過程迫使領導者和員工，不得不向內心或心靈探索自我存在的意義。今天全球經濟的競爭日益激烈，價值與道德問題可以公開地接受所有人的評估與辯論。公司內部的對話與辯論，有助於我們回答以下的問題——就集體與個別的層面而言，我們是誰？我們支持什麼？我們如何經營？我們如何對待彼此？

就如馬斯洛所預見的，我們愈注重企業的人性面，就愈接近心靈本質。

就軍隊的環境而言，也許不是十分清楚和單純，但仍然有一個很好的例證。一九六二年的民主軍隊和民主社會，傾向於要求每個人都是一位將軍：一架落單的戰鬥機的駕駛，或是其他許多狀況，都要求個人或小團隊必須依靠自己、自行承擔責任。當然，獨裁性格的人可能無法像民主性格的人做到這一點。

在這裡想強調的另一點是，有必要讓每位士兵有能力擔任美國大使；這種政策亦可化解軍事僵局。冷戰將成為爭取中立國友誼而進行的非軍事競爭，士兵必須贏得他人的愛與尊敬。此外，軍隊強調獨裁和盲目服從所隱藏的危險要大於任何獨裁的機構。這種危險是政治性和全球性的，因為軍隊的獨裁式思考將助長獨裁者的興起，而非全球人民的革命活動。我必須強調軍隊因其特殊的環境和專業義務，容易有反民主的傾向，另外警察和偵探也比其他人更容易成為偏執狂。

我最後想強調的是，軍隊服役時間過長。這些時間可用於教育、社會服務以及有助於心理治療和個人成長的活動，以塑造更優秀的公民。也許有必要針對具有同袍情誼的軍隊和其他服務團體進行深入的研究，這些團隊拋棄了獨裁式管理，而採取參與式管理。我們的研究應該是為了驗證以下的假設：對於某些關係緊密的軍事單位，開明管理可能優於獨裁的軍隊教條。

至於與教育學者和教育機關的溝通方面，我們或許可以從促進成長式管理的角度來分析教育體系。我們之前已有研究證明，具同情心、助人、友善、利他傾向和民主性格的主管，能產生較佳的結果。現在我們可將這個研究運用於教育界。但諷刺的是，我們有許多針對企業界的研究資料，但是有關好老師與壞老師的研究資料，卻付之闕如。絕對有必要改正此種情況，因為語意的混淆和政治上的冷戰，使得先進教育的理念遭到漠視，如今我們必須以開明管理的思考模式，重新定義開明教育。

同時，我想向教育工作者強調的一點是，一般性的教育和專業訓練——如技術的取得——有很大的不同。前者的主要目標是塑造更優秀的公民、更快樂的人民、更成熟、更高度發展的個人。後者的主要目標則是訓練優秀的技術人員，無關乎道德，不論是在法西斯、納粹、共產獨裁或民主社會中都是一樣。前者才是造成獨裁社會和民主社會的差異所在：在獨裁社會，自由、自主、自我滿足、好奇、自由探索和自由質疑等行為都是危險的，但在民主社會中卻是必要的。

今日的教育界和許多其他的美國機構一樣，主要的問題都在於，沒有人確定教育的目標和終極目的為何。只要民主教育目標被明確建立，所有技術性的問題都可以馬上解決。我們必須更大膽，完全不考慮技術訓練的問題，民主教育的目標就是發展健全的心理。教育必須是健全完美的，否則就算不上是民主。

我想可以透過以下的方式來說明開明管理的終極目標：如果在一個一百人的團體裡，每一個都是合夥人，並且把自己的畢生積蓄全部投資在公司上，每個人都擁有一次的投票表決權（所以他們既是員工也是老闆），他們和老闆之間、和公司之間以及和其他同事之間的關係，一定比起過去那種老闆與員工之間的關係有所不同。同樣的情形也發生在愛國者身上，在戰爭中愛國者總是會團結一致把槍口對外。以上這兩個例子中，每一個人做的都是他們應該做的事。

例如，在坦克大決戰（Battle of the Bulge）③中，一有緊急情況發生，所有的美國軍隊都會奮不顧身的衝鋒陷陣。醫師、麵包師、轎車司機、卡車司機、牙醫師等，所有的人一聽到緊急情況，都會拿起槍和敵軍打鬥。此時，所有的專業界線都會被打破，所有人全部集合在一起，變成了一支團結的美國軍隊。同樣的，當公司裡發生緊急情況或者某一事業出現問題時，與緊急事件最接近的員工一定會盡力搶救。例如，當一位員工看見公司裡發生火警，不用任何人的催促，就會以最快的速度拿起滅火器救火。他在下意識中，會立即回應周遭所發生的任何意外，那是因為個性使然，不用經過任何的思考，也不考慮後果或自己的興趣，而且在他和公司所訂的合約裡面，也沒有規定他一定要這麼做。

關於開明管理與人性化管理的實驗，有以下的解釋：在充滿同胞愛或兄弟情的環境中，每個人都會轉化為一名合夥人而非員工。他傾向於以合夥人的身分思考與行動。他願意扛起公司整體的責任。當有緊急狀況發生時，不論是哪個部門的範圍，他都會自動自發負起責任。合夥關係就如同結合作用，他人的興趣與個人的興趣相融合、統一，而非相互獨立或排斥。

如果能證明合夥關係是可行的、經由科學證實為正確的，那麼人們會更願意表現得像是一個合夥人，這也是每個人內心所渴望的。無論是對個人、公司或是整個社會來說，在實質面、財務面和政治面都是必要的。對個人來說，和他人保持兄弟般的感情，比互相排斥來得有利。在這裡也許我們可以舉一個歐洲共同市場（European Common Market）④的例子。這個制度的建立，將原來互相排斥以及衝突的關係，轉變成互相合作的兄弟關係，彼此相濡以沫。

十六、十七和十八世紀時，白人與印第安人的情況亦是如此。印第安人之所以會失勢，部分原因即在於他們無法團結合作，沒有真正建立聯盟關係，他們彼此視對方為敵人，而非共同對抗外敵的兄弟。白人就非常團結和忠誠，於是由十三州擴張成現今的美國。我們可以將相互排斥的過程稱為「分化」（atomization）和「巴爾幹化」（Balkanization），也許有人會問，如果我們現在是五十個分離的國家而不是五十州，情況會是如何，那你就可拿今日的工業現況——

經濟的巴爾幹化——來說明。如果能了解以上所討論的內容，也許連獨裁者都會覺得，採取協同而非巴爾幹式的態度，會比較有利。

---

①**美國革命女兒會：**為一愛國組織，於一九八〇年十月十一日成立，會員僅限於美國革命時期的士兵或其他對獨立事業有功人士的直系後裔。主要目標是保存美國文物、研究美國歷史、傳遞美國文化。

②**約翰・布區：**指美國極右派人士。一九五〇年代保守派企業家羅伯特・威爾許（Robert Welch）成立約翰・布區社團（John Birch Society），反對孤立主義，積極反共，時常批評民主及共和兩黨過於容共。

③**坦克大決戰：**又名阿登戰役，第二次世界大戰中德國在西線的最後一次攻勢，希望迫使盟軍從德國撤出，但未成功。

④**歐洲共同市場：**又稱為歐洲經濟共同體（European Economic Community），由法國、西德、義大利、荷蘭、比利時、盧森堡六國，於一九五七年三月簽定羅馬條約，決定於一九五八年一月一日成立一個區域經濟合作組織。一九六七年合併其他組織成立歐洲共同體（European Communities），除原始六國之外，還加入了美國、愛爾蘭、丹麥、希臘、西班牙與葡萄牙，共計十二國。一九九三年再度簽定馬斯垂克條約，正式更名為歐盟（European Union）。

13 論優秀主管特質

這是一種整體性、組織性的想法，每個環節都緊緊相連。它並非各項連接物的鏈條，也不是所有因果關係的鏈條，而是形成蜘蛛狀的網路或圓頂結構。觀察每項元件的最好方式，就是將整件事視為一個大的單位。

我看過李克特（R. Likert）①所寫的《管理的新型態》（New Patterns of Management）以及其他六本有關企業管理方面的書，我發現他忽略了管理與心理健康之間的關聯。我玩了一個小遊戲，在表現優良的主管特質前打勾。所謂表現優良是指，他所帶領的團隊生產力高，或其屬下流動率、病假或其他方面紀錄良好。把這些特質列舉出來，然後在另一欄填上表現不佳的主管特質，如此就可看出心理健全與心理不健全的模式。我想會在以後做更深入的研究。

這項關聯顯示出，李克特的發現與我先前的考量相關。例如，我試著將政治與政府的運作視為管理問題來看待；將科學視為一個需要特殊管理技巧的大型企業，大學則是管理不佳的機構。另外，關於管理的討論也可擴大到心理健全、個人成長、心理治療、統合作用和理論性社會心理學的討論。

當我不斷的思考這些事情時，就很清楚有必要建立一套完善的理論。這是一種整體性、組織性的想法，每個環節都緊緊相連。它並非因果關係相連的單向鏈條，而是形成蜘蛛狀的網路或圓頂結構。觀察每項元件的最好方式，就是將整件事視為一個大的單位。以後我會嘗試如此做，不過目前我必須試著找出每一點之間各種可能的關聯。

首先，優秀的政治家無法成為優秀的經理人嗎？這就引發了等級的問題。也許有人認為，只有在人們誠實、行為得體的情況下，好的政治家才有可能是好的經理人——若人們表現得不成熟或心理不健全，即使是優秀的政治家，也無法成為優秀的經理人。但情況並非如此。他們之所以優秀，是因為對人力資源的適當處理並因此改善工作環境。優秀的政治家能妥善運用人力資源，做出對大眾有益的事，甚至走在大眾之前。

我之所以提出政治人物的好壞與環境改善之間的關聯，是因為我發現許多關於成長或開明管理的著作，都只是一些不切實際的空談闊論。許多作者認為開明管理絕對是好的，這種柏拉圖式的想法太過武斷。他們忽略了實施開明管理後的環境改變。換句話說，他們沒有考慮到，開明管理的優點在於，跟舊式管理制度相比，其所發揮的功能更能創造出好的結果。開明管理的好不在於自己本身，也不是上帝說好就好，而是它真能產生好的效果——提升生產力、產品質和人們的民主素養。有了這樣的認知後，就不會對這種過於絕對的評論有不實的幻想，也不會不問結果就相信它是好的。

此外我認為，Y理論開明管理非常適於今日的美國：人們心理健康、行為得體且自動自發，民主程度也已達至一定水平。但假設發生了原子彈爆炸、鼠疫等大災難，使得人們居住的環境變成一片叢林，好的管理制度仍可能存在嗎？在一個富裕的社會——不愁吃、不愁穿，你可以依Y理論的觀點信任他人。但是在多數人都處於飢寒交迫的的情形時，你就不能信任手上有廚房鑰匙的人。在這種情況下，你該怎麼辦？如果有一百個人，只有十份食物，有九十個人注定會死，我很確定自己絕對不要成為九十人中的一個，我也很確定自己的道德和倫理價值會完全顛覆，才能適應競爭激烈的叢林社會。

這就是為什麼當我在讀這些管理書籍時，會覺得如此的焦躁不安。他們以一種虔誠、半宗教的態度，沒有經過思考、推論，對於現實環境的客觀需求應有的理性思考，完全被抹殺。管理政策或任何的政策都必須符合客觀環境的客觀要求。這也是魏泰默（Max Wertheimer）②和卡特納（Georgo Katona）學派的完形心理學的主張。最佳的思考模式和問題解決辦法，就是對情況做最客觀的觀察，沒有任何期望、假設，不受偏見，恐懼或希望影響。這是觀察某一情況的最好方式，也是了解急待解決的問題的最佳方法。需要解決的問題就在我們的面前，而非隱藏在腦中成為過去的經驗。後者不屬於當下的問題，而是過去的問題，不必然同時發生。

我看了很多有關企業管理以及領導層方面的評論，有些過於相信某種理論，我對此做了筆記。我的評論總結成一句話：管理符合客觀環境的客觀要求，包括客觀的認知和適宜的行為。

再回到之前所提到的觀點，我想可以用例證以及經驗來支持這些觀點。例如，我們擁有相當多關於教育政策（教育管理）對不同學生的影響的研究資料。我們知道對於獨裁性格的學生，例如第二次世界大戰後的德國學生，所採取的教育方式就和同時期的美國學生不同。獨裁性格的學生比較喜歡和需要獨裁性格的老師，否則就會被學生認定是不合格，無法取得控制權。

對付獨裁性格的正確方法，就是將他們視為壞蛋，以對待壞蛋的行為對付他們。這是最實際有效方式。如果你以為對他們微笑，信任他們，給他們廚房的鑰匙，就能迅速感化他們。最後你會發現銀製餐具不翼而飛，他們看不起「柔弱」的美國人，認為我們是懦弱的、愚蠢的、手無縛雞之力的綿羊。每當我遇到獨裁性格的學生，我會讓他們拚命地工作以彰顯我的權威，有時候甚至會打他們的頭，要他們知道誰最大。一旦他們接受我，就可以逐漸改回美國人的態度，告訴他們，即使是老闆或強人也能變得仁慈、溫和、悲觀與信任他人。如果獨裁性格的問題不是太嚴重，以上的管理方式的確能改變世界以及獨裁者的性格，並進而改造他們，使他們更具民主素養。

同樣的情形也發生在企業界裡。美國的員工都在政治民主、經濟富裕的環境下生長，他們可以對老闆提出要求，若不喜歡隨時可換工作。但如果是波斯人、秘魯人或沙烏地阿拉伯人，他們都是在遭受蹂躪的情況下成長。在他們心中，世界只存在狼與羊兩種動物，而他們就是羊，因此X理論比較適合他們，當員工的性格有所改變，愈來愈受到尊敬、誠實、自動自發時，即可轉向Y理論管理。

如果美國人將自己的政治技巧原封不動地移植到剛果，是很愚蠢的做法，因為那裡的環境、歷史、人民和政治結構完全不同。所有的政治型態都要求人民必須有一定程度的教育、期望和哲學思考。世界上有許多地方仍不適合民主政治，我們必須採取不同的管理策略，但目標是希望將這些地方轉變為適合民主政治的環境。這是由X理論轉變為X理論的過渡管理。

我們也可以把這種道理延伸到一般的家庭中，應用到丈夫和妻子的關係，以及和朋友之間的關係上。能運作得最好的方式，也就是最適合他們的管理方法。而為了找到最適合的策略，就必須站在完全客觀的立場，沒有任何先決條件，也不預設立場。對現實的客觀認知是產生符合現實的行為的先決條件，而符合現實的行為則是良好結果的先決條件。

① **李克特：**他於一九三二年首創李氏量表。通常採取五點評定法：極同意、同意、無意見、不同意、極不同意，分數為各為5、4、3、2、1，總分愈高表示態度愈強。

② **魏泰默：**完形心理學之父，也是現代電影原理的創始人。強調教學必須使學生獲得整體的概念，零碎的知識或機械式的記憶都是無用的。

14 重視員工的心理

最好的經理人應該是要能增強員工的心理健康。

經由李克特的研究，我們可以說，開明管理在實務上最適合美國。我們也可以這麼說，美式管理比起其他國家的管理更好，因為它有效。大部分的實驗，如李克特，都在比較美國經理人的好壞。所謂的好與壞是以生產力、員工的滿足感、低流動率、低病假率、低缺席率、低勞工問題等角度來衡量。

現在我們可以用一個很簡單的科學方法來處理，就是利用漸進式的精煉與純化過程，反覆的挑選，從好的人選中挑出最好的人選。這也是我在進行自尊與情感安全的人格測驗時所採行的方法。首先我利用現有的資料，盡力挑出最有安全感與最沒有安全感的人，然後盡可能分析這兩組人。相互比較之後，列出情感安全與不安全的性格特徵，提出更完善的定義。

然後我再利用這些經過修正的新定義，重新檢視一次我所挑選的對象，再重新篩選。結果顯示，原來假設沒有安全感的人，他們並不是真的那麼沒有安全感。同樣的，有安全感的人也不是那麼的有安全感；而原先未入選的人可能是其中的一組。當新的組合產生後，再利用相同的方法和程序，不斷地修改定義和性格特徵的描述。如此不斷地重複，所得出的結果會愈來愈精確。這有點像是居禮夫人提煉瀝青鈾礦，最後發現鐳的過程一樣。

現在，我們就逐項地進行檢視，進而建構一個相互連接的蜘蛛網：

一、以美國人為研究對象的背景下，最優秀的經理人應該比差勁的經理人有更健全的心理發展。可由李克特的研究結果得知。

二、優秀的經理人應該能提升員工的心理健康。通常他們會以兩種方式來達成：一是滿足員工對安全、歸屬感、情感關係，以及與非正式團體的友好關係、尊榮感、自尊等基本的需求。另外就是滿足他們對真、美、善、公平、完美以及法律等較高層次的動機或需求。從提供員工一個較高層級，較健全的心理發展開始做起，開明管理制度就可以同時讓員工獲得基本的和較高層級的需求滿足感。

三、員工的心理在開始時愈健全，就愈能從開明管理中獲益，愈能提升心理的健全程度。這與領悟治療法的情形相似，最健康的人從領悟治療法中獲得的益處愈大，因為他們最堅強、最不敏感、最不偏執和多疑。愈健康的人，就愈能承受焦慮、壓力、責任、沮喪的負擔以及對自尊的威脅，甚至會善用以上情緒來強化自己的心靈。心理較不健全或有神經質的人，若處於壓力之下很可能會因此崩潰。這可以用來解釋我的

「大陸分離」原則（continental divide）①。我以此原則解釋以下的事實：人們如果太軟弱無法承受痛苦，壓力就會使他們崩潰；如果他們夠堅強、有能力應付壓力，當他們度過這段壓力期時，心靈會堅強。這項原則亦適用於戰場的外科手術。有太多病人等著醫治，醫生可能會放棄傷勢最嚴重的病人，將他少許的時間分給最有可能康復的病人。當然，這樣的做法似乎有些無情和殘酷，但這就是戰場的現實。一位只有五小時的醫生，如果他將全部的時間花在急救一名存活機會渺茫的病患，是非常愚蠢的事，倒不如將這五小時花在其他五十位有可能康復的病患。

四、當我們朝向開明管理政策、開明經理人、開明員工和開明組織的目標邁進時，就是朝向綜效的結果前進。

五、達到社會綜效也就是達成開明管理、開明經理人、開明員工和開明組織的目標。個人與環境之間有同化作用，彼此會影響對方，對方也會有所回應。個人愈同化，他愈能察覺世界的同化作用。世界愈同化，就愈能促進個人的同化。

六、任何人其內心的綜效愈強，愈能強化他人、社會、組織和團隊的綜效程度。

七、更完善的個人和團體彼此互為因果，更完善的團隊與社會彼此也互為因果。更完善的個人會使他所處的團隊變得更好。更完善的團隊會提升其中的成員。同樣的社會中的團隊亦是如此，他們彼此相互影響，就如歌德所說：「如果世上每一個人都能自動清理他的前院，那麼地球就會非常乾淨。」換句話說，每一個人對於他所接觸的任何人，都有心理治療與心理病態的雙重影響。

八、心理健康與Y理論管理之間相互關聯。心理病態則與X理論有相互關聯。心理較健康的人，傾向採行Y理論；心理較不健全的人，則比較可能採取X理論。相反地，受Y理論管理的人比起受X理論管理的人，心理更健康。

九、心理較健全並遵行Y理論的人，以及在良好環境中最優秀的經理人，會自行增強個人的綜效效果，並為他們的屬下建立一個綜效的環境。

十、這裡形成一種相互關係網。社會愈健全，生產力愈高；經理人愈健全，個人心理也就愈健全；個人心理愈健全，企業就愈健全。當然，參與感會改善以上所有的變因。影響社會健全的因素如果獲得改善，如良好的教育制度，則所有事情都將獲得改善，所有提升個人心理健全的事物，也會使社會、經理人、領導人、企業和生產力獲得改善。如此循環不已。就好比說，優秀心理治療師的數目增加，是情況獲得改善的關鍵因素。

將以上關於管理政策、組織理論和領導政策等的討論，放入更大範圍中——國家和社區，就會產生不同的解讀。一般而言，管理理論有兩項目標：一是經濟生產力、產品品質和創造利潤等。二是人性產品，如員工的心理健康、自我實現、提升安全感、歸屬感、忠誠、愛的能力和自尊等。

若仔細觀察現今的國際情勢（尤其是持續的冷戰），第二個目標就顯得愈來愈重要。因為就我的研究，將不會有「熱戰」的發生。現今的軍事僵局仍會持續，因為雙方均害怕打破僵局。果真如此的話，軍事的重要性將屈居第二。他們所能做的就是相互競武。這樣的行為事實上是避免武器被使用的可能。軍隊的功用其實說起來是在阻止戰爭的發生，而非發動戰爭。

情況若是如此，大眾對於美蘇對立的想法有必要修正。在這場競賽中，雙方不可能永遠保持完美的平衡關係。遲早有一方會居於領先地位。但是如何取得領先？我們是否可以排除戰爭的可能性？顯然地，若以管理政策兩大目標的角度而言，其中一國確實能取得領先地位。若我們考慮到原子筆、汽車和收音機等產品，美國遠比蘇聯要先進，我們的產品銷售至全球各地，蘇聯卻沒有。再考慮人性目標，此目標的重要性在長期下將日趨提高。問題是誰較受中立國的喜愛和尊敬？蘇聯或美國？除了由全球各地人對美國觀光客的看法來得知，或是從其他經由報上得知美國消息的個人做評斷外，還有什麼方法？事實上，當擁有健全人民的國家贏得冷戰時，這代表了什麼意義？

如今證明Y理論比起X理論或獨裁管理，能創造出更健康的個人、更受人喜愛、尊敬、引入、仁慈和利他性格的個人。我的感覺是，美國人較受全世界的喜愛，而德國人，尤其是在過去獨裁環境下成長的德國人，就非如此。納粹黨最不受世人歡迎。至於蘇聯觀光客和外交官在中立國的受歡迎程度，目前沒有資料可查證——可悲的是，我們竟然沒有這方面的資料，它的重要性不下於知道蘇聯潛水艇的數量。因此，我想任何有關管理、組織以及企業理論的討論，包括來自教授，研究者和哲學家的討論，都應該顧及管理模式所產生的結果。

李克特的摩斯實驗（Mose experiment）主要在探討獨裁管理和參與管理的差異，他的報告結果顯示獨裁管理的生產力較高，但他同時指出，在參與管理模式中所有的人性變因都獲得改善，但不包括會計制度。在此我們必須考慮國際情勢、冷戰的影響，以及管理對人性的政變。然而現今的會計制度完全忽略掉所有重要的個人性、心理性、政治性和教育性的無形資產。在所謂的「道德經濟」（moral economics）和「道德會計」（moral accounting）環境中，以上的因素會使摩斯實驗產生不一樣的結果。獨裁管理也許在短期可以藉由犧牲人性達到提高生產力的目標，但長期而言，不僅是人性甚至會犧牲生產力。

十一、我試著將這種相互關係網路化約成可測試、可證實或不可證實的單一關係，並以科學化而非哲學化的方式重新詮釋。此外，從自我實現、成功接受心理治療或其他健康的人身上所找到的性格特質，大多數亦存在於較優秀的經理人身上——所謂較優秀的經理人，是指生產力等實務上的意義。當然，較優秀與較差勁也應以人個性結果來度量，如員工的自我實現程度。

我們可以採行正統的實驗設計，因為所有的變因都是可控制的。例如，在心理治療、敏感度訓練、團體治療（group therapy）②或其他形式的治療中，應該改變傾聽能力變因（這也是心理健康的特質之一）。如此我們才可了解這項變因，是否確實會造成較高的生產力或較好的人格。舉個例子，我們可以假設：好的傾聽能力可以降低病假次數、提升產品品質。我們可以提出上百項類似的明確假設。

為了解以上的論述，有必要區分整體性和組織性思考，與分割性的思考有何不同。換句話說，在此我必須解釋人格組織動態學，以及各項事件所形成的「盒組關係」（nest-of-boxes relationships），此外還需探討層級整合的問題（相對於相互排斥）。我會另行說明以上的概念，這篇備忘錄只是其他備忘錄的一項參考資料。

人力資源將成為企業的競爭優勢

「管理理論強調兩種結果：一是經濟生產力、產品品質和創造利潤等；一是人性產品，包括員工的心理健康、自我實現、安全感、歸屬感和忠誠的提升。依據現今的國際情勢，後者的重要性日趨提高。但一個國家如何取得領先？我們可以排除戰爭發生的可能性嗎？顯然地，上述兩種結果將是重要的指標。」

——馬斯洛

馬斯洛早在一九六二年發表以上論述時，就預期冷戰的結束，然而他的這些話更適用於我們今天的社會。幾乎所有我們採訪過的企業領導人，都提到人力資源將是企業對外的競爭優勢。幾乎所有人都提到，企業在全球市場中的責任愈來愈重。他們預期在全新的世界秩序中，政府將退居於次要的位置，而企業將扮演更重大的角色。

因此企業透過其產品以及人力，將主導全球變遷的過程。如同一位執行長所說：「企業必須解決過去由政府所處理的問題。」我們的產品銷售至全球，我們的員工在世界各地工作與生活，企業本身就代表著未來。希望在我們真正承擔這份責任之前，能清楚自己的價值所在。

① **大陸分離：**指的是不同性質的個人會分開；好的管理系統只會吸引並留住好的人才；壞的管理系統則會吸引不良的人才。

② **團體治療：**同一時間內對數人進行治療，此一團體就是一個社會情境的縮影，可以協助個人從認識別人與自己的過程中，學習如何解決生活上的問題。

15 如何培育優秀主管

不管是世上最頑固或最心軟的人都會歸納出一個結果：具有民主思想的經理人可以幫公司創造較高的利潤，同時也會使員工更快樂、更健康。

比較一下杜夫（Dove）對優等雞隻所做的實驗，以及關於優秀主管的新理論。在雞隻研究中，優等雞隻在各方面都占盡優勢，牠們有較漂亮的羽毛和雞冠，所生的蛋也較健康，牠們的社群等級較高，能以其自由意志選擇對健康有益的食物。將這些優等雞吃的食物拿來餵劣等雞時，情況也會有所改善。牠們的體重會隨之增加，蛋的品質也更好；在社群中的等級跟著提高，有更多與異性接觸的機會——但仍無法如天生就具有優勢的雞隻一般的優秀，大約只能提升百分五十。

最早有關管理的研究就是採取類似的自然觀察法，在李克特的著作中曾引述吉姆．克拉克（Jim Clark）和其他學者的研究，他們發現某一部門的經濟面表現較另一部門好，如較高的生產力或較低的流動率。他們試著找出造成這種經濟優勢的因素。在所有案例中，具有某種人格特質的主管或經理人是成功的關鍵因素。這些優秀主管較民主、具同情心、較友善、樂於助人、較忠誠。這些訊息顯示出，不管是世上最頑固的人和最心軟的人，都會從以上的資料得出相同的結論：具民主思想的經理人，能幫助公司創造較高的利潤，也能使員工更快樂、更健康。

但有一點仍未被證實，優秀經理人的行為與態度是否可以被平庸經理人複製或學習，或是被強迫執行。所有學者都期望平庸的經理人能因此得到相同的結果，不過優秀經理人的行為是出於本能，並未事先考量，只是其個性的自然表現而已。

這項假設也許對也許不對。它的結果可能和雞隻實驗的結果類似，強迫平庸的經理人採取優秀經理人的行為與態度，也許可以使情況獲得改善，但無法完全達到優秀經理人的程度。但也有可能完全沒有效用，因為優秀經理人的天生個性是關鍵所在。最後一種可能的結果就是，平庸的經理人變得和優秀經理人一樣好。不過一切仍需更進一步的研究。

但這又引發以下的問題：個性、行為與表達力之間的關係。我們可以說，平庸的經理人的特質，如獨裁、敵意、虐待等，都是一種可被醫治的心理病態，而非本能的、天生的或人類既有的氣質。但我們仍不能確定這是否屬實。

根據我的觀察，平庸經理人的性格是經由習慣成自然的過程而塑造，因此也可以透過好的工作經驗、心理治療或教育獲得治癒，不過仍需要證實。此外，所有好的人格特質是人類既有的，或至少是天生的，但在成長的過程會逐漸消失。換句話說，人性的邪惡是因為不適當的對待而產生的回應，這是第三勢力心理學家都同意的觀點。然而，一切仍未被確切的證實，因此未能成為人人必信的原理。如果真是如此，我們可以告訴平庸經理人是何種原因造成他們的平庸，並說明優秀經理人的例子以及相關的研究資料，也許可以激發他們心中隱藏的良好性格，讓他們自然而然喚出更好的性格，成為更好的經理人，產生更好的經濟結果，或是為所有人創造更高層次的幸福與自我實現。我必須再強調一次，我們必須透過更多的研究和更嚴謹的理論解釋，才能對以上的各種可能性做出最正確的評斷。

16 開明管理的副產品

受到開明管理影響的每一位男人或女人，都應該變成一個更稱職的丈夫或太太、父親或母親，同時也是一位更優秀的市民。

有很多的研究資料顯現出，一個「真心誠意」關愛子女的母親，可以某種特殊的行為，即使是責罰或出手打自己的小孩，一樣會使小孩具有良好的性格。這說明了一個事實，愛的態度才是最重要的，人們不會在意是以何種方式表達。所有的資料至少都已經清楚的說明了這種關係的原理。人所表現出來的行為，並不能完全說明他所具有的性格、隱藏的個性或態度。任何人都可以在有意識或無意識的情況下，察覺出某人是在演戲，希望透過行為隱藏自己內心真正的感覺。因此有可能產生以下的結果：上過課、讀過書、接受各項訓練，而且努力要自己表現得像是一位優秀經理人的主管。如果他的性格並非真正的民主、負責或有感情，那麼他的努力也好不到哪裡。

這就引發了「真正是」（be）某種人與「試著成為」（try to be）某種人的差異。在這矛盾中，在「真正」變成好或壞人之間，一定有其過渡階段。如果一名竊賊意識到自己是一名竊賊，並希望成為一名誠實的人，唯一的方式就是有意識地努力讓自己不是一位竊賊，有意識地努力讓自己成為一名誠實的人。努力讓自己成為誠實的人是自我意識地、人為地，而非自然的、天生地行為。不同於自然的誠實，是由內心真實的性格所表露於外的行為。只有靠人為的努力，才能讓一位騙子變成一位老實人。

組織情境也是一樣。一位獨裁式主管要轉變為民主式主管，必須有意識地、人為地、自願地經過一段盡力成為民主式主管的過渡期。努力成為民主式主管的人和天生就是民主式主管的人，非常不同。我們已涉入各種哲學性的思辯，因此必須特別小心。我們很容易輕忽「努力成為……」的狀態，認為這是不自然的，因此有人會拒絕這樣的作法，他們不了解這是真正成為民主式主管的前期階段，是唯一可行的方法。

我們也可以這麼說：我們必須塑造某種個人、人格、性格或性靈，而非創造特定的行為。如果是創造某一特定人格，就牽涉到心理學理論，包括成長、人格和心理治療等領域，此外還必須參考佛洛伊德理論，因為我們必須討論影響行為的潛意識因素。這些改變行為的潛意識因素無法直接受到影響；我們必須以個性的角度切入，塑造另一種人。

這種對人的強調，以及將行為視為深層個性副產品的主張，促使我了解到開明管理的效用並非只能從行為的改變、產品品質和數量的提升中看出，我們還可以從以上所提到的副產品的角度觀察。最實際的測試方法，就是了解在開明企業工作的員工回到家或社區之後的行為。例如，如果開明管理政策真能創造更好的個性，這些個人在社區會表現得更仁慈、更願意助人、更無私、更具利他性格、更講求正義、更願意為真善而戰。原則上這些現象很容易測量。

個人在家中的行為同樣會有所改變。一般來說，一個真正受到開明管理影響的男人一定會是一位好丈夫、好爸爸和好公民。所以，直接與他們的妻子和小孩訪談，也是有效的測量技術。我想起迪克．詹斯（Dick Jones）的研究，他嘗試在高中採用心理治療教學法一年，檢測他所教導的高中女學生是否仍有種族歧視的現象。結果他發現，種族歧視的情形減少了，但是他一整年都未向學生提及這個議題。這就是我所謂的測量副產品而非行為本身。被動而精明的人很容易會模仿某種行為或偽裝某種舉止，以便在特殊狀況時仍能保有工作。他們也許會依照經理人要求的去做，但他們的心靈未曾因此而改變。

17

論綜效

你對你的工作夥伴產生愈多的影響和力量，你自己得到的就愈多。

潘乃德（Ruth Benedict）首先將社會綜效運用於研究原始文化的健全程度。她認為所謂的統合機構，是指其中某個人在追求自私的目標時，會在無形中幫助他人；某個人盡力協助他人、保持無私，也會在無形中達成自私的目標。換句話說，這是化解自私與無私的方法，只有在低度發展的文化中，自私與無私才會形成相互對立的關係。我曾在個人身上觀察到同樣的情形，當自私與無私相互排斥對立時，就是輕微的心理病態徵兆。

自我實現的人打破自私與無私的對立。別人的快樂就是他們的快樂。也就是說，他們從別人的快樂，得到自私的快樂，而這是一種無私的表現。我舉一個我很早之前用過的例子——我因為餵食小孩吃櫻桃而感到快樂，原因是他很喜歡吃櫻桃。如果我看到他吃櫻桃而覺得很高興，而當我自己吃櫻桃時也會覺得很快樂。以上的行為是自私還是無私？我有犧牲任何東西嗎？我是利他嗎？我覺得很享受，所以這是自私嗎？很明顯地，最好的解釋方式是，自私與無私原本相互對立的意義已經消失。兩個字已融合在一起。我的行為既不自私也非無私，而是同時自私與無私。或者，我個人較喜歡把它解釋為綜效行為。對我小孩有益的事就對我有益，讓我小孩快樂的事就會讓我快樂，讓我快樂的事也會讓我的小孩快樂，所有的差異都已消弭，兩個人已相互認同，成為一體。我們學會與心愛的妻子或丈夫合為一體；對其中一人的污辱就是對另一個人的污辱；其中一人的鞋子，另一人穿起來也很舒服。

這也可以解釋愛情關係，也就是兩組原本不同的需求合成單一的需求，成為全新的單位。當愛存在時，另一人的快樂也會使我快樂，另一人的自我實現就如同我的自我實現，我會因此而感到高興，「另一人」和「我自己」的分化已消失。當有共同的財產時，就成為「我們」或「我們的」。關於愛的另一種解釋是，只有另一人快樂，我才會快樂。在某些方面，不同的人可以當同一人來對待，他們已是一體。

在潘乃德最後的手稿中，她還舉出許多民族學的例子。在我對黑腳族印第安人的研究中也出現不少的例子。泰迪．耶魯夫萊（Teddy Yellowfly）是我的翻譯，也是族人的老師，他曾接受一兩年的大學教育。當泰迪變得有錢後，族人都將因此而獲益。例如，當他有足夠的錢後，就可以買車。依照黑腳族印第安人的習俗，只要有需要，任何人可以向族人借款。所以事實上，那輛車是屬於全族的，任何需要車的人都可以使用。泰迪自己使用的次數並不比其他人多。「擁有權」的意義只是在於付油錢。另一方面，每個人都以泰迪為榮並認同他，就像我們會對於在奧運贏得百米短跑金牌的運動員感到光榮，或是為我們城市或大學的偉大哲學家、科學家感到與有榮焉。同樣的，他們都以泰迪為榮，也都很喜愛他、尊敬他，並選他為族長，視他為非正式的發言人和領導者。毫無疑問的，泰迪喜歡無私；我想全族人都喜歡。所有人對他的愛與尊敬讓他滿足，他甚至從未抱怨自己的車被別人使用。

另一個例子是每年太陽舞慶典中的「贈禮」活動。過去一整年或數年，人們已積存一筆錢，他們努力工作，希望能表現出最大程度的慷慨。我看到白頭族長站在由全族人圍起的圓圈中，在每年最神聖的時刻，族長都會發表演講，說他多有智慧、能力多強等，然後以一種極威嚴的動作，將毯子、食物和水分送給寡婦、年老的盲人、小孩和青少年等。

他賺的錢愈多，就成為愈優秀的工作者。他的農場經營得愈成功，就可養更多的馬，對每個人的生活助益就愈多。這與我們社會滋長的眼紅、嫉妒、憎恨以及自尊的失落，非常的不同。當我叔叔突然變得富有時，卻瞬間失去所有親戚的友誼，我想每一位美國人都知道其中的原因。他的財富對親戚來說，沒有任何意義，這點我非常清楚。他是很有錢，但也從未幫助我這個窮研究生。我覺得他很自私，所以和他之間也沒有什麼情誼可言。如果我們是黑腳族印第安人，情況就非如此。每個人的財富因為對其他人沒有助益，所以美國人互相成為敵人而非朋友。

我們有一種社會制度可以視為一個不錯的例證，那就是累進稅率制度。錢賺得愈多，稅就繳得愈多。當然這是非常抽象而且非個人性的，我們也無法真正的看到錢。但事實上它是遵守了綜效原則：當有人創造一筆財富，就能嘉惠所有人。不過在墨西哥和拉丁美洲情況正好相反，社會的財富愈多，窮人得到的食物愈少，因為價格高出他們的負擔。他們沒有賦稅制度，有錢人可以保有所賺取的一切，因此有更多的錢負擔較高的價格。窮人則沒有任何的好處，而這就違背了綜效原則。

18

綜效與非綜效行為的比較

你能偷取的只是一個透過創造力或良好的管理制度產生出來的結果，但是你無法偷走創造力或良好的管理制度。

佛洛伊德主張個人的本能欲望是有限的。佛洛伊德認為，每個人都只有一定限量的愛，如果給這個人多一點的愛，給其他人的愛就變少了。例如他對自戀的主張：他假設一個人愈愛他自己，對別人的愛就愈少。這就好比一個人只擁有一定數量的錢，如果花掉一部分，剩下的錢就變少了。這和弗洛姆、卡倫·荷妮（Karen Horney）①以及其他人所定義的愛剛好相反。他們認為，至少在一個良好正常發展的社會下，愛會衍生出更多的愛。也就是說，你所付出的愛愈多，將會因此創造出更多愛的財富。就好比一對熱戀中的年輕男女，如果能互相為彼此付出，真心愛對方，就有能力去愛這個世界；他愈愛他的愛人或妻子，就愈有能力去愛自己的小孩、朋友甚至全體人類。

假設你有一些錢，而且非常小心地看管。你盡量不去花錢，還把它藏在地底下或鎖在保險櫃裡。我們是在最近才學到，錢應該是要用來花的，盡量利用、投資，而非減少它的價值——反而應該提高它的價值，增加錢的數量。其實，慷慨往往能增加更多的財富，而不是減少財富。

我想在這一點上，美國生意人的作法及想法，和南美洲人或歐洲人相當不同。後者比較傾向堆積大量的存貨，以最高的價格賣出，以賺取最好的利潤。不過，擁有比較先進思想的美國人在很早以前就學到，愈高的周轉率，所能賺到的錢就愈多，即使每一次所獲得的利潤可能不是很好，但因為營業額提高，最後反而累積了比較多的利潤和財富。反過來看，一些手頭拮据，小氣又小心眼的拉丁美洲雜貨店老闆，可能會在一次的交易中賺到很多錢，但卻不能以美國人的模式累積更多的財富：好比汽車大亨亨利·福特的例子，也許他就是其中一位發明或發現這項花錢原理的人之一，所以他能累積如此龐大的財富，把自己的財物發送出去以累積更多的財富，把產品的價錢降低以增加銷售量，而變得更富有。

李克特所寫的書中有一個研究例證，使他發展出「影響派」（influence pie）的理論，我引用他在五十七頁中所寫的：「公司或工廠中的影響力是一定的。因此可能的結果是：若部屬對組織的影響力愈大，主管的影響力就愈小。派的大小是固定的，如果某些人擁有的愈多，其他人就得到的愈少。」

然後他在五十八頁寫著：「較好的管理制度，可以提高屬下的影響力，同時也增加高生產力主管的影響力。」

也就是說，在團體運作的情形下，你給予員工愈多的影響力和權限，你所得到的就會更多。我們必須讓軍隊朝此方向發展，我們必須使每位士兵都變成將軍，而不是死守舊有的教條，認為一支軍隊裡只能有一位將軍。在這種情形下，將軍就等於領導一支將軍隊伍。領導者賦予每個人較大的權力，他將會驚訝的發現，實際上所獲得的權力和影響力比原來的作法還要多出許多。所以說，他付出得愈多，得到的也就愈多。

改變天下

馬斯洛常常問他的學生一個問題：「有誰相信自己會成就偉大的事業？誰會改變世界？」當無數張困惑而迷惘的面孔轉向他時，他繼續問：「如果不是你們，那會是誰？」

從他的日記紀錄中很多的證據顯示，馬斯洛相信人們會在工作中尋求生命的意義，希望能成就一番偉大的事業，當他們全心投入於某件值得做的事時，就會改變天下。

我們的組織是片肥沃的土地，可以讓人們盡情的揮灑。但是有太多人任憑自身的潛力消失殆盡，而不知如何發揮。現在讓我們參考一家鼓勵員工發揮潛能的公司——蘋果電腦。

在一九八〇年代初，蘋果電腦吸引了數百位聰明、有理想、喜歡冒險的員工，他們都是受到創辦者為大眾開發電腦的願景所吸引。他們透過尖端科技徹底地改造了世界，這群員工成了當年矽谷的一個傳奇。

只要你問任何一位當時曾在蘋果電腦公司工作的員工，就會聽到這樣的回答：這是一群不可思議的願景思考者，完全不自我設限。當時的蘋果電腦就像我的家庭——我們彼此相愛，很清楚每個人都在擔負一項特別的任務。賈伯斯說：「這是一群由優秀成員所組成的小團體，他們的成就將不同凡響。」

這家公司和每位員工努力搶占個人電腦的市場。蘋果電腦擁有的不只是一群忠誠的員工，更是一群完全追隨顧客的狂熱分子。當某家公司成為市場上的第一把交椅後，往往會忽略顧客的需求。蘋果電腦的成功不僅僅因為他們是業界的第一品牌，或是擁有先進的技術，有很大的原因是他們創造了一個讓員工盡情發揮潛能的環境，使他們能全心投入其中，並在工作中找到生命的意義。

雖然蘋果電腦近來的表現讓我們為他們的未來捏一把冷汗，但是別忘了他們還有一項優勢：他們有能力培養一群思考方式另類、相信自己可以改變世界的高科技領導人才。根據我們非正式的統計，三十四位前蘋果電腦員工如今已成為其他公司的主管，其中有十一位擔任更高層級的領導職位。

蘋果電腦是否能繼續引領風騷？若以財務的觀點，也就是以股價來衡量其價值，也許不怎麼亮眼，但若以人力的觀點來看，他們的未來仍將令人期待。

另外，我們也可以觀察科學領域中的寬大和公開問題。科學家最在意的是極力保守科學秘密，如此才能保有一份安全感。但事實上，與監控蘇聯科學家相比，這種行為更能造成傷害。受害的是我們自己而非蘇聯，原因何在?因為科學建立於寬大，知識能創造更多的知識。

企業界也有所謂的商業機密。當我問凱依他是如何處理商業機密，他卻說他們沒有任何商業機密。唯一的秘密就是未來的營運計畫，至於電壓計實際生產過程的知識，都是公開的。如果有人抄襲他們的生產過程，其實並沒有多大好處，因為他們的管理制度與工作環境會不斷地改善與進步。當抄襲者完成硬體的複製時，他們的工廠早已向前跨越了一大步，製造出更好的產品。你能偷取的只是一個透過創造力或良好的管理制度產生出來的結果，但是你無法偷走創造力或良好的管理制度。

或者我們可以另一種方式來說明，任何發現電壓計製造秘訣的人，絕不是抄襲者，因為他知道最好的方式，就是成為一個有創作力的人。我想只有讓工廠自行全力運轉，將所有資訊公開，才能真正對我們社會的經濟結構有所助益。因為工廠不斷的運轉，就會自動產生好的工廠、好的管理者以及好的員工，而不會關門大吉或減少產量。

在我自己的經驗當中，就發生過這樣一個實際的狀況。在我還是個研究生的時候，經過一連串的事件後，我再也不擔心自己的想法被別人竊取。因為竊取的人根本無法分辨好壞，偷走的都是一些發展不完全的概念。我不再為此生氣或極力想保守秘密，反而覺得他們的行為有趣、好玩，所以我也不用煩惱如何隱藏我的想法。對於想法的討論過程，才是真正有助於創造力的發揮，使得原本只有一打數量的點子，暴增為一百個點子。抄襲或竊取就像只偷到蛋，沒偷到下蛋的雞一樣。簡單的說，錢必須充分被運用，心智必須充分被運用，創造力必須充分被運用，而不是將其藏起來，吝於花費，擔心一使用後就會減少數量。

這個現象指出，拒絕和別人分享是一個非常不成熟的想法。例如，就像我在前面的章節中提過的，有關兄弟姐妹之間的敵對就反應出利益有限的想法。小孩想一個人霸占母親所有的愛，因此對新生的弟弟或妹妹也擁有母親的愛感到生氣，因為他覺得，如果母親把愛給了弟妹，就沒有多餘的愛可以分給他。他要經過很長的時間才會了解，母親的愛其實可以同時分給兩個或四個孩子，甚至分給十八個孩子。她愈愛其中一個孩子，也就會愈愛另外一個孩子，而不會減少對任何一個孩子的愛。

綜效的意義在於：你享受著使別人快樂的滋味。別人快樂你也跟著快樂。更實際一點的說，綜效是指你自私地享受著讓別人快樂的滋味，所以你比以前更懂得去愛別人。因此綜效性的經濟系統應是製造無限量的低價產品，而非有限數量的高利潤產品。一個人如果愈慷慨、愈懂得愛、愈具綜效性，他就願意分送一千台收音機，而不是一百台，因為這項行為會創造更大的快樂，他也更能享受自己的慷慨。無限量的生產代表對他人更多的關懷，有限生產的人關心自己甚於他人。

在這裡，我想有必要把解決分化的問題講得更清楚一些。榮格與達爾文強調相互衝突的好處，他們認為衝突所造成的動態影響與結果可強化個人心靈。衝突的結果有好有壞。但我所強調的是自私與無私的超越。換句話說，個人必須超越衝突，而非從中獲益。我們必須了解，過去認為自我的利益與他人的利益、自私與無私是不同且相互排斥的想法，是完全錯誤的。當我們更健康，察覺更高層級的綜效時，當世界更健全更富有、沒有饑餓時，就會發現所有人類的利益都將統合為整體——對某人有益的事，也對我或其他人有益。

而我們也可以從達成自我實現的人身上看到這種更高層級的結合，自私和無私彼此融合，我們可以把這種新的狀態叫做健康的自私，也可以說是有如被虐狂的病態無私。事實上，在自我實現的人身上，我們會發現一種非常獨特的徵兆，你無法從他們身上區別自私或不自私，他們同時自私與無私，但你也可以說他們既不自私也非無私：這違反了亞里斯多德的邏輯，他強調A級與非A級的相互排斥。再看一看科日布斯基（Alfred Korzybski）②等非亞里斯多德學派對二元對立、非黑即白的思考模式的批評。他們都反映出一項事實：綜效代表超越分化，而非從衝突中獲益。

什麼是真相，什麼是事實，其中有許多模糊地帶很難加以釐清。我認為所謂的綜效，是對高層真相與事實的覺察，這些真相與事實的確存在。綜效的發展就好比從眼盲變為目明的過程。當然這項假設很難以實驗證實，但只要有完整的操作性定義，並在實務面證明，綜效在健全的環境下所具有的優勢即可。事實上，當人們相互了解、彼此相愛，所有人類的利益就能整合在一起，不會相互排斥。所有關於幸福婚姻的分析都證實了這一點。所有關於企業中合作關係的研究也證實了這一點。所有關於科學倫理的研究更證實了這一點。對任何一位科學家有益的事，也對於我這一位科學家有益。對老師有益的事也對所有的學生有益。

由此可看出，非A即B的思考模式，或是二元對立、非綜效的思考是輕微心理病態的徵兆。用我過去對獨裁者性格結構的研究來說明，如果叢林世界的觀點是成立的，唯一可能的現實就是獨裁管理。如果有人認同我們過的是一種叢林式的生活，人都變成了叢林動物，都只顧自己的利益而互相排斥，那麼這種想法就不瘋狂，反而相當有理、有邏輯性、有根據，甚至是非常必要的。再檢視一次這裡的用詞，我用的是「互相排斥的利益」這個名詞。這是個不錯的教學溝通方式，可以讓整件事更清楚、更合理、更容易溝通。

綜效的概念是整體性的，整體性愈強，綜效的程度就愈高——相反的即是所謂原子式思考。一個結構體的整體性愈強，其中成員的相互依賴度就愈高，彼此的溝通就愈暢通，成員對團隊的影響就愈深，每件事的綜效性就愈高。籃球隊即是一個例子。球隊由五位主力球員組成，假設每位球員都只從自身的利益觀點出發，為自己爭取分數，就不是一個真正好的團隊——好團隊的球員會將團隊的利益置於個人利益之上。我們甚至可以說，如果真是好的團隊，就沒有個人利益與團隊利益之分，因此誰得分已不重要，團隊的利益就是個人的利益。所有的球員都以團隊、每位球員和自己為榮。好的助攻球員和真正進球的人一樣優秀。一旦球隊的綜效性瓦解，球隊就成了一盤散沙。經濟環境也是一樣。一個負責某項產品製造的五人小組，亦適用綜效原則。團隊合作的程度愈高，彼此的依賴就愈深，就愈信任對方，綜效當然也愈高。這是可以經由實驗研究證明的。

層次整合也是同樣的情形，每個層次彼此之間亦是相互關聯，存在著高度的綜效性。因為綜效是真實存在的，與心理健康相互關聯——心理健康的人有較高的綜效性——心理健康的人也較能覺察出真相、更務實，因此這項可測試的假設可以被證實。例如，我曾設計一套實驗，探討較健康的大學學生的認知能力、感官力、思考力和知覺力是否較強。經由以上變因的測試可以看出學生的綜效性如何。若以感官層面而言，我可以測試顏色辨識力、聽力、味蕾和嗅覺等，測試對象包括心理健康的人、綜效性高的人和優秀的經理人。假設對某個人而言是正確的，對其他人而言也是正確的。現在我們就針對優秀經理人說明。

優秀的經理人是優秀的覺察者。也就是說，他們的視覺辨識、聽覺辨識等能力較精準。這一切都可由標準的實驗程序證實。此外就覺察層面而言，優秀的經理人的邏輯較強，較能分清楚什麼是覺察到的事實和心中的希望，並依據現況對未來做出較準確的預測。我預期優秀的經理人較不易發生盧金（Luchin）實驗中的固執心向（Einstellung）問題。他們也不太可能成為艾希（S. E. Asch）③實驗中的屈服者或從眾者，更不容易有場地依賴（field-dependent）④的傾向。

事實上，所有關於心理健康的測試其實就是關於優秀經理人的測試。因為如果我沒錯，實驗結果所定義的優秀管理政策都牽涉到心理健康和綜效能力。我們可以提出上百種論證。事實上，至少理論上而言，我認為不久的將來會有一系列像心電圖、腦波圖一般精準的實驗，確實預測出哪種人在未來可成為優秀的經理人或領導人。如果真有可能，將會令人感到驚喜不已。我愈想到這裡，就覺得愈有可能。不論如何，這值得一試。

當然還有其他的可能性。當所有的關係網路都成為事實，所有促成優秀經理人的因素，也能使其他人變得更優秀，甚至能改造社會。換句話說，所有關於敏感度訓練、管理訓練、寫書與從事研究的技巧等，長期而言對所有人都有益處。同樣的情形也適用於心理健康。如果健全的教育系統有助於心理健康——現在我們把眼光放遠，假設我們要培養未來的主管人才或建立完善的主管訓練系統——那麼我們的幼教系統必須健全，才能培育出日後我們所需的將軍、老闆、經理人或領導人。同樣地，任何自我治療或心理治療的技術也必具有相同的作用。所有的一切都相互關聯，使一個人變得更健康的因素，也會使此人更有潛力成為優秀的經理人，相反的情形也是如此。改善社會的因素亦能改善社會的其他部分。改善某個人的因素亦能改善全體人類。使人成為一個好丈夫的因素也能使他成為一個好員工、好公民或是好的籃球員等。

這些訣竅其實就是美國人的特質。這是很重要的一點，尤其最近有許多其他國家的科學家以各式各樣的方式打擊美國市場。例如，其他國家的勞工薪資比美國便宜許多。大部分國家盛行獨裁式的管理制度，人們生活在恐懼、飢餓以及失業的情況之下，比起美國員工，他們較願意依指示做事。他們所擁有的原料比美國多出許多，擁有數之不盡的廉價勞工，有預防勞工罷工的制度法令。毫無疑問的，這種獨裁式的管理制度也有它的好處在。

訓練更仁慈的領導者

「如果我們的管理者訓練計畫是針對五十年以後而設計的，那麼，幼稚園就是最值得我們重視的教育場所，因為這裡將會培育出無數個五十年以後所需的老闆，總經理以及經理人。」

——馬斯洛

我們很高興聽到，有一家本地企業——甲骨文公司（Oracle Corporation），組織了一支志願團體，參與當地的「年輕人成就」（Junior Achievement）計畫。這些義工都是來自各企業的管理階層。他們拜訪了一些當地的幼稚園，希望透過一連串的課堂活動、練習以及討論，教導這一批年齡只有五歲的小學員，成為好市民以及領導者所需的技能，讓他們了解企業在社會所扮演的角色，及早為未來做準備。我們決定深入了解這項計畫的運作情形，因為他們的觀念似乎和馬斯洛對未來的一些觀點不謀而合。透過進一步的接觸，我們了解到：

- 「年輕人成就」是全世界最大、成長最快的非營利企業教育機構。此機構由美國以及其他一百個國家的企業管理階層所組成，他們義務到各學校傳授企業領導者的相關知識。計畫最主要的目的，是要教導年幼的學子如何評估企業的價值，了解企業界以及經濟情況，並且準備好投入工作場所。這些傑出的義工每年教導二千六百萬名學生。
- 「年輕人成就小學生計畫」，對象從幼稚園到小學六年級的學童。義工向學童說明經濟如何影響人們的生活。當他們年齡漸長，就能學習到重要的經濟觀念，增進他們對世界的了解，並對未來有積極正面的影響。計畫的重點包括：

——我們自己：個人的經濟角色。
——我們的家庭：在本地經濟市場中，家庭所扮演的角色。
——我們的社區：在他們所處的經濟社區中，市民的責任以及擁有的機會。

——我們的城市：經濟發展、本地企業以及創業機會。
——我們的地區：州立和地區行政經濟、企業以及經濟資源。
——我們的國家：美國的企業運作以及經濟議題。
——我們的世界：世界資源，經濟制度、貨幣交易以及全球貿易等。

這些來自企業界的菁英，透過此項活動，分享他們的生活經驗。這些計畫旨在推廣促成個人成功的重要生活概念。

今天的小學生所面臨的是急速改變、挑戰不斷的世界。透過彼此間的互動關係，親自參與活動，使學生更加了解學校所學與未來成功的相關性，學生將會學習到如何評價與尊重：

- 基本經濟概念與學生生活經驗的關係。
- 個人在經濟市場中所扮演的消費者和製造者角色。
- 理論在真實生活中的實際操作。
- 與他人合作、成為團隊一分子的能力。
- 在學校學習的重要性。

從觀察這些義工和幼稚園學童共同參與的計畫，我們深刻了解到，訓練未來主人翁成為我們社會未來的領導者，是刻不容緩的事。當我們凝望著這些天真活潑的五歲小朋友時，不禁會想到馬斯洛的話：「在他們之中，誰將會改變這個世界？」這時，我們終於真正體會出馬斯洛當時的意思。

專訪安德魯．凱依

「每個人都比較喜歡做有意義的工作勝過沒意義的工作。這是人們對於價值觀、了解世界並賦予意義的高層需求。如果工作毫無意義，生活也會變得毫無意義。」

——馬斯洛

安德魯可以說是數位革命的先鋒之一。他所創辦的非線性系統公司，製造出全球第一台商用數位電壓器。一九八〇年，他企圖想改進電腦設備，他重新結合某些元件。他和兒子心想這個完整的「盒子」可以製造出更有生產力的產品，所以他們發展出包括電腦主機、印表機、螢幕以及鍵盤的整套設備。因此，凱依創立了凱普電腦（Kaypro Computer），成為第一家生產桌上型電腦的美國公司。凱普電腦快速成長，營業額一下子衝到一億兩千萬美元。做為一個數位化科技的改革者，凱普就和其他行業的先鋒者一樣，在千變萬化的市場上遭受重大打擊。結果在一九八四年宣布破產。但是，不向命運屈服的凱依今天還繼續在市場奮鬥，不斷的發明新產品，企圖攻占新的領域。

除了在科技方面的改革，凱依在開明管理領域中，也扮演了一個令人刮目相看的角色。一九五〇年末期，凱依在他南加州的工廠，對在組裝線工作的數百位員工，進行一項潛能釋放的實驗。在當時，工廠是人人厭惡的工作場所，更別提有何價值存在。但是，凱依要求員工想像自己是這家工廠的老闆，並且參與公司的所有決策過程。經過不斷的嘗試，他創造出最具前瞻性的管理方式。

由於深信馬斯洛的《動機與人格》中所陳述的理念，凱依決定改變他以前的做事方法。他把原來的組裝線重新拆解，分成每組只有六到八人的小組。每組內的每一位成員都要學習產品所有的製作流程，每一組都要自行管理自己。他們可以自行訂定工作時數、休息時間，甚至工作流程以及時間表。凱依並取消了上下班打卡制度，而且付給員工的薪資比外面的一般行情高出二五%。他是美國第一位提供公司股票選擇權給員工的企業主，凱依還創立了副總裁這個職務。

今天，我們可能會覺得他的這些表現，沒有什麼特殊的地方。但是如果是以三十年前的觀點來看，他顯然是走在時代的尖端。當時凱依邀請馬斯洛到他位於南加州的工廠待了一整個夏天，這也是馬斯洛寫這些日記的靈感來源。凱依現任凱普公司董事長以及執行長，他邀請我們到他位於聖地牙哥的辦公室，暢談當年馬斯洛在工廠裡的情形。

問：你怎麼會想到邀請馬斯洛到你的工廠？

答：一九五八年時，有些人計畫在聖地牙哥地區舉辦一場公司首長的高峰會議。理查．法森（Richard Farson）就是其中之一，是他告訴我這個構想。該團體的人介紹我看馬斯洛所寫的一本書《動機與人格》。我讀了這本書，同時也讀了彼得．杜拉克的著作。我摘取書中的一些理念，並且把它們運用在我工廠的實際作業上。在一次去歐洲的旅途中，我在波斯頓停留並且去拜訪馬斯洛。我想，在我邀請他到我工廠以前，應該要先見見他。馬斯洛是一位非常優雅親切的人，我記得當我敲門後，看到他的頭就讓我想起了史達林——他和史達林一樣具有堅忍的個性，是一位很堅強的人。他太太貝塔幫我們準備茶點，我們進行了一場深入的對談。回到聖地牙哥以後，我就告訴法森，我決定贊助馬斯洛到工廠進行研究工作。

馬斯洛當年夏天抵達聖地牙哥，並且開始寫書。我們希望他能專心研究，不想打擾他，所以和他並沒有太多的交談或往來。不過到後來，他卻疑惑地問，為什麼我們很少找他。

在和我們一起度過整個夏天後，我參加國家訓練實驗室（National Training Laboratories）為企業領導人所舉辦的會議。當時塞嘉食品（Saga Food）的總裁比爾．勞林（Bill Laughlin）坐在我前面，問我一些關於馬斯洛的事，說想帶馬斯洛去他的工廠。我請他幫我占座位，馬上就打電話給馬斯洛，告訴他比爾的想法。之後他們同意會面，並且也見了面，接下來所發生的一切就都記錄在雙方的歷史裡了。在比爾以及塞嘉食品廠的慷慨贊助下，馬斯洛在他們位於北加州的食品工廠住了一年的時間，馬斯洛形容那一年的時間簡直就像「生活在天堂裡」一樣。

問：當你帶馬斯洛到你的工廠時，你對他抱有什麼期望嗎？因為聽起來好像你只是打開工廠大門讓他進去。

答：確實是這樣，我想他也許希望在工廠度過整個夏天，這樣對他比較好。他覺得那是一段非常愉快的時光。當時工廠借調了一位秘書給他，幫忙將錄音帶裡的紀錄，轉抄成書面文字。那段期間，他也見了一些南加州其他的企業領導人以及管理理論學者，其中有很多人都是專程來拜訪他的。

問：他在日記裡有提到，你在工廠進行了很多各式各樣所謂「開明管理」的實驗。是什麼原因促使你產生這些構想？因為當時的企業環境並不是那麼的適合。

答：我想杜拉克的書提供了一些幫助。那是一段很有趣的故事。一九六二年春天，我去潘安（Palm）找杜拉克，他當時受邀在一項會議中演說。我把他拉到旁邊，對他說：「我採用了你書裡的一些構想。」你猜他怎麼回答：「別怪我，真的不要怪我。」我猜想他的理論對其他人可能不適用。

問：在你和馬斯洛討論有關於企業專有的商業機密時，你告訴他，「人」是唯一不能被複製的。你說如果只是複製生產流程，完全沒有效用，因為你們會不斷的改進管理制度。

答：是的，在我們這一行，產品組裝線對產品非常重要。一個人完成某個步驟後，另外一個人就接下去做下一個步驟。情況就是如此，組裝線前段的這幾個人都不是很快樂，最快樂的人應該算是最後完成產品組裝的員工，因為他們可以體驗到產品完成的喜悅。所以，我們就想辦法，企圖讓所有人都能像最後完成的人一樣快樂。我們鼓勵每位員工都盡其可能的學習其他同事的工作，並且實際練習操作。同時，產品也愈來愈複雜。我們還添購一套測試裝備，以測試所有的線路是否都在正確的位置上。我們的目標是每個電壓器只能出現一個或兩個錯誤。員工會自行記錄整個操作過程，我們不設專門人員去記錄這些事。每一位員工都必須自行擬定工作手冊，無論他們想要做什麼新的嘗試，我們都會以支持的態度鼓勵他們放手一搏。經過這一連串的過程以及改變後，工廠的產量並沒有比原來的少。尤其是每一個組裝線的員工都知道自己在整個生產線中所扮演的角色，他的表現將會影響產品最後的品質。

結果一個月後生產出更多的電壓器，每個人都可以完成組裝線的所有工作。男性員工傾向往技術面發展，擔任最後的測試工作。也有部分的女性員工願意從事這項工作。

我記得曾經有一位線上的領班告訴我，有一位女性員工不想參與其中。我要求見這位員工。她是一位年輕的墨西哥女性，是我第一批僱用的少數員工之一。我看著她在組裝線工作，當她在做一個簡單的動作時，眼睛好像飄到幾百萬里遠以外的地方去。領班告訴我：那就是她想要做的。大約過了九個月，我發現她在從事數位化電壓器的測試工作。我就問：「你不是跟我說，她只願意做一些簡單重複的工作嗎？」領班回答說：「她只是害怕自己沒有能力從事其他性質的組裝工作。她缺乏信心，害怕在同事面前丟臉，所以不敢去嘗試。她缺乏自尊。不過，當她看到其他同事在各方面的嘗試以及表現後，就下定決心，其他人做得到，她一定也做得到！因此加入這項新的工作行列，提升自己的技術能力。」

我每年總是收到很多女性員工寄給我的聖誕卡，感謝我讓她們在工廠裡嘗試多樣不同的工作，因為她們以前從沒有想過自己有能力做這麼多事。當她們將這些複雜的零件組合在一起後，便對自己以及所做的工作感到自豪，自尊的感覺也隨著提升。

問：馬斯洛說當他在你的工廠時，從你這裡學到了很多事，你還記得跟他有討論的內容嗎？

答：是的，我跟他聊過字彙的事，就是一般的英語字彙。我在一九五四年遇到一位學者，他的研究結果顯示，如果一個人的字彙增加，他的學習力將會增加一〇%到一〇〇%。他說，一個人的字彙增加，也提高他對世界的認知。另外有一件我在很久以前就發現到的事，我到任何地方都會跟每一個人談到這件事：你所知道的字彙愈少，就愈容易得到妄想症。仔細想一想，如果知道的字彙愈多，表示你愈了解這個世界；那麼，知道的字彙愈少，就代表愈不了解這個世界，代表這個人盲目無知。

問：你曾試著建立一個制度來增加員工的字彙嗎？

答：是的，我們曾經試過。在一九六〇年代我花了八十萬美金添購了一些設備，增加員工的字彙能力。當一位領班正在使用公司提供的錄音帶時，有位正在做電腦螢幕測試的女員工，一整天也跟著在聽這些錄音帶。後來，我兒子也加入這個工作，成立了字彙提升中心。

曾經有一位海軍退役的員工，非常聰明，不過心裡的挫折感卻很重，因為他無法向同事完整的解釋一件事情，或表達內心的想法。他是一位很有才華的設計師。他上了兩次字彙建立課程，後來他成功地將字彙的使用能力，從五％提高到二〇％——這幾乎達到大學的程度。後來他不斷地和別人談到這項改進字彙能力的計畫，以及它如何改變他的生活。

問：你還有跟馬斯洛保持聯繫嗎？

答：一直都有聯繫。我們每一次去歐洲前，都會先到波士頓探望馬斯洛以及他的家人。在我們的一次旅途中，當我知道馬斯洛從來沒有和麥克雷格見過面時，覺得很不可思議。因為他們住在同一個城鎮——麥克雷格在麻省理工學院，馬斯洛在布蘭迪斯——彼此卻從來沒見過。所以我就說：「馬斯洛，趕快穿上外套。」我們就開車到麻省理工學院去見麥克雷格。

我總是不斷的回想一件我覺得很重要的事。這就是我所說的「擴展工作場所」（enlarging the workplace）。人們經由學習而成長。我想那就是我一直嘗試在工廠做的，提供一個讓人們可以成長的地方。

① **荷妮：**德國女精神分析學家，但是她反對佛洛伊德精神分析理論的重要原則，她認為在人格形成中，起決定作用的不是一個人的本能，而是他的文化及社會條件；文化及社會條件是人們產生焦慮及人格障礙的主因。

② **科日布斯基：**波蘭哲學家和科學家，他創立了普通語義學，這是一種語言哲學體系，試圖改進使用語言的方法以及對語言的反應方法，增進人類傳達思想的能力。

③ **艾希：**首創艾氏情境實驗，實驗主持者特定設計出一個情境，也就是提出一個與事實不符但卻是團體中多數人同意（事先約定好）的陳述，再觀察受試者（不知情）的反應。通常的結果是，受試者即使對多數人同意的陳述表示質疑，但是他還是會受到團體意見的影響，接受這個與事實不符的陳述，盲從附和團體的意見。

④ **場地依賴：**一種性格特徵。假設有一木棒立在空地中央，至於木棒與地面是否垂直由受試者自行調整，直到他認為垂直為止。如果空地上沒有其他刺激物，每個受試者的判斷都差不多；但如果有其他刺激物，例如把木棒放在傾斜的方框中，受試者就會受到干擾而做出錯誤的判斷，這種人就是所謂的場地依賴型。

19

自私與無私的融合

一個不良的社會或環境，會造成人與人之間的互相對抗，無法將自己的興趣融入團體之中或為其他人所接受。

實驗證明，綜效與良好環境之間有一定的相關性。潘乃德將綜效定義為社會機構性的設計（Social-institutional arrangement），能促使自私與無私相互融合，超越兩者的對立，使得自私與無私之間的分化獲得解決，形成更高層次的統合。這必須透過機構性的安排，使得個人在追求自我滿足的同時，亦能對他人有益，而當個人幫助他人時，也能使自我得到報酬或滿足。我們也可以由以下的敘述推論出可測試的假設：

一、一個好的社會，道德是有價值的。

二、一個好的社會，自私是有價值的，他人能認同個人的自私，因為他們也能因此而受益（這時美德、利他主義與自私已合而為一，有相同的目標與結果）。

三、社會（或是情侶間或個人）的綜效性愈高，就愈接近存在價值。

四、一個不良的社會或環境，會造成人與人之間互相對抗，無法把自己的興趣融入團體之中或被其他人接受，無法獲得個人的滿足（匱乏需求），否則就必須犧牲他人的滿足。

五、在一個良好的情況之下，我們不須為道德或追求存在價值而付出任何代價。

六、在良好的環境下，個人的道德（或自私）是為他人所接受的（也就是受到他人的喜愛或尊敬）。

七、在良好的環境下，具有道德感和利他主義（或健康的自私）的生意人在財務上的表現較為出色。

八、在良好的環境下，事業成功的人比較容易贏得別人的敬愛，而不會引起別人的嫉妒怨恨、恐懼或憤怒（針對這一點，可以延伸出更多的討論，我將會在稍後的章節中提到）。

九、在良好的環境下，仰慕是可能的（不摻雜任何的負面情緒，例如性衝動，強制別人做他不願意做的事，或尼采主義的憤怒）。

十、在最高層次上，我們可以隨心地自私，但仍有道德感。

十一、我們有道德感，但同時也能自私。

十二、再度檢視亞當．斯密（Adam Smith）的理論，也許我們可以重新詮釋為：「在何種情況下，開明的自私對整體社會有益？」同樣地我們可以問：「在何種情況下，對通用汽車有益的事也對全美國有益？」或「什麼事對我和你都有益處？」

在存在心理學的最高層次裡，有必要重新定義利他主義、自私與無私，以超越兩者之間的對立。另一方面，人道主義也亟需重新定義，或至少剔除其所隱含的正面意義。也許我可以這麼問：「在何種情況下，人道主義是不好的？」另一個問題是：「在何種情況下，我們會因為自己的好運氣、好命、才華與優勢感到罪惡？」在綜效的層次下，利他主義與自私已相互融合，因此強調對他人仁慈、對他人友善、幫助他人、別人沒食物時不可享受美食、如果他人窮困不可享受自己的財富、如果某人生病不可享受自己的健康、如果某人的腦力不佳，不可為自己的腦力為傲等等，以上所有的考量都將變得沒有意義，反而為那些擁有優勢或好運的人，在言語和行為上帶來困擾。

以上的觀點與我們原本所認知的概念有些差異。例如，另一種思考方式就是，以上的狀況是體現了印度佛陀的兩種形象。其中一種是私下追求自己的自我實現，只在乎自己達成涅槃的境界。另一種形象與佛祖神話有關。佛祖來到涅槃之門，但是其他人如果無法進入，他就不選擇進入涅槃，會返回世間指導眾生，並告訴眾生，除非世上所有人都能做到，否則沒有人可以進入涅槃，也沒有人可以完全達到自我實現的境地。

在良好的環境下，優秀的人可以完全享受自己，隨心所欲的表達自己，追求自我的目標，不必擔心別人的想法或為此感到罪惡，也不必對他人有任何義務。他非常有自信，他只做他自己，誠實地表達自己、追求自己的目標。但另一方面，他人亦能從這些行為獲益。每個人就像是這些行為的副產品，因為這些行為而獲益。

也可以這樣說，在綜效的環境下，或是在最良好、最理想的情況下，沒有必要擔心會遭到惡毒的眼光。也沒有必要擔心會有負面的怨恨或負面價值——憎恨優秀，憎恨真、善、美、正義、美德等。

在理想的情況下，優秀的人不必害怕因為自身的優秀表現引起他人的怨恨、嫉妒或敵意。他可以完全釋放自己的潛能，展露自身的天賦、才華或優勢，不必為此有所防衛，也不必預防遭受攻擊——也許此時誇大與謙虛的對立亦不存在，因為知識是完全客觀的，個人可以平心靜氣的談論自己和他人的優缺點。

我想有必要重新定義政治自由與政治保守的一體性。例如，政治自由主義假設人道主義是好的——在任何情況下均是如此，弱勢的人將可獲得協助。但是若以健全的社會結構而言，情況就完全不同。幫助他人可能會被視為一種干涉、侮辱、不被接受、沒必要而且愚蠢的行為。大量的臨床資料顯示，不加選擇的幫助他人反而會削弱他人的能力，就像一個腳受傷的人若一直拄著拐杖，他的兩隻腳一定會萎縮。我們應該探討補償性精神官能症（compensation neurosis）①的問題。我們國家有許多社會安全制度與此完全背離。例如，對病患或老人最低收入的限制就有某些弊端。我認識一位殘障朋友，他勇敢而堅強地自力謀生，但卻因此無法得到原本應得的協助。唯一獲得補助的方法就是放棄自立的想法，完全像嬰兒般由國家醫療單位負責照顧；這種作法完全抹殺個人的自立能力。

如果我們要系統性地將科學管理方式，運用在政治環境——如強調聯邦式的分權化相當適合工業化社會——可能與現今倡導政治自由的人士心中的想法有所差距，因為科學管理原則強調城邦會議式的民主政治、盡可能由下層政府決定、削弱聯邦政府的責任以加重地方政府的責任。儘管政治保守分子濫用州政府或地方政府的權力，以達成不道德的目的，但我們不應對科學管理原則產生質疑。我懷疑關於優秀主管和經理人的假設，是否適用於各種階層的管理人員，包括議員和總統。這點值得有系統的研究。無論如何，毫無疑問地有必要以存在分析（B-analysis）的觀點，重新檢視所有政治性、經濟性和社會性概念，也就是說，他們在健全心理環境下的定義為何。

①**補償性精神官能症：**患者因某方面的缺陷，因而力圖在其他方面尋求補償，但是過分重視成敗、患得患失的結果，反而導致心理失常。

20

動態思考模式

良好的管理、優秀的工作者、傑出的企業、良好的產品、良好的社區、良好的國家，以及其他一切良好的情況，彼此之間相互關聯。如果改善了社區，卻不能產生好的結果，中間一定有什麼地方出了問題。

我從一些管理書籍所獲得的資訊，可以採用原子式、因果式的方式組織起來，就像是線上的一顆顆珠子，只是一件件各自獨立的事實。但也可以依有機體的模式，使其相互關聯，成為一整體。後者的方式顯然比較真實、較有效用。我之所以想把所有關於管理理論的探討資料統整起來，是因為過去許多舊有的著作，如一九二〇和一九三〇年代，都是以原子式的思考模式看待企業問題，企業似乎與其他事物沒有任何關聯。就好比說，一位擁有一間小型雜貨店的老闆認為他是完全獨立的，不需要與其他人有任何牽涉。他自己經營這家店，他就是這家店的老闆。但事實上這種想法完全錯誤，尤其在現今相互依賴性日深的工業化社會，這種想法只會顯得愈來愈不切實際，最後會讓人感到愚蠢可笑。

事實上，一家企業，以非線性系統公司為例，他們內嵌於鄰近的社區，而此鄰近社區又內嵌於更大的社區，如南加州，此區域與加州有著明確的、功能性的關聯，而加州又內嵌於美國，美國內嵌於西方世界，西方世界內嵌於全體人類和世界。在此種功能性關係中，可以找出上千個因與果。例如，非線性系統公司只有一位警衛，而非一支配備步槍的三百人私人軍隊，所有人都認為這是理所當然，但只有在所有的相互關係運作良好的情況下，才能將其視其為理所當然的事。此外，企業依靠城鎮提供水力、電力、瓦斯、道路維修、消防局和警察局，更別提餐廳、購物中心和市場等各項服務，有了以上的條件人們才可能在此區域居住，也才有可能到此工廠工作。如果任何一位在非線性系統公司工作的人，走在街上會有被暗殺的危險，那整個企業就根本不會存在。

我們必須了解，非線性系統公司必須依賴相互關聯網路而存在。簡單的說，非線性系統公司是「含納於其中」（contained within），或更確切的說，它是「含納並建構於其中」（contained-and-structured within）。同樣的情形也適用於其他層次，如課稅制度和相關的服務。美國政府負責維持軍隊、聯邦調查局、國會圖書館以及其他聯邦單位的運作，沒有了他們，非線性系統公司就沒有存在的可能——世界衛生組織和聯合國也是同樣的情形。

如果說工廠本身就是一個綜合體（syndrome）、一個具有交互關係的有機體，那麼這個綜合體是內嵌於更大規模的綜合體，後者又內嵌於更大規模的綜合體，如此循環不已。這就是我所謂的「盒組」概念，一個綜合體含納於下個更大規模的綜合體之內。我也將其稱為「放大層次」（level of magnification）。我們可以利用不同倍數的顯微鏡，觀察組織細胞，如此一來我們就可以縮小範圍，進行更仔細的觀察。

綜合體一的內部交互關係的程度，若以非線性系統公司為例，就是指員工彼此之間的友誼、相連性、相互依賴、相互需要和相互依靠等關係，經過測量後為〇．六。綜合體一內嵌於綜合體二內，兩者內部部元素的相互關係程度可能為〇．四。綜合體一和綜合體三、綜合體四或更大規模綜合體的相互關係則更低。也就是說，綜合體一內部的改變會影響綜合體一內的所有元素，其影響力大於對綜合體三的影響。但是綜合體一的改變對綜合體二、三、四仍會有些許的影響。

換句話說，非線性系統公司所有好的或壞的改變，都會對德馬市、南加州、加州、美國、西方世界或全世界造成影響，愈大的綜合體所受的影響力就愈小。失業或是非線性系統公司解散工廠等事件，都會對德馬市造成極大的傷害，對於加州也有一定程度的影響，對於中國的影響可能不是很明顯，但仍有些微實質的影響。

內部綜合體（intrasyndrome）會影響交互綜合體（intersyndrome）。而中國、保加利亞、伊朗或其他地方的改變，也可能會影響非線性系統公司以及內部的員工。他們也可能永遠不會察覺，但這不重要。它的效應是可測量的、可辨認的，而且確實存在的。任何政權的轉移或是國家元首的暗殺事件，都會影響非線性系統公司。

但若以理論性或實驗性的角度來詮釋，這又代表什麼意義？所有的假設與肯定都可被測試，而這些假設與我先前提出管理政策與心理健康有關的想法不謀而合。例如，世界愈好，國家就愈好、地方政府就愈好、企業愈好、經理人愈優秀、員工愈優秀、產品愈精良。這只是概括性的敘述，我們還可以分解成一萬種可測試的假設。當然，整件事可以另一種方式來陳述。產品愈好、員工就愈好、經理人就愈好、企業就愈好、社區就愈好、州政府就愈好、國家就愈好、世界也就愈好。而這也是可以被測試的。

另外一種說法是——這種說法可能會令人覺得有點驚訝，也會引起一些爭議——對這個世界是有利的，對我們的國家、地方政府、社區也是有利的，連帶的對企業、經理人、勞工以及生產的產品，也都有正面的效應（這非常接近綜效的概念）。就好比「對通用汽車有利的事就對國家有利」的陳述，不過這項陳述會引起不小的震撼。但是在完全統合的環境下，絕對是可以實現的事實。對我有利的事，對全世界有利；對全世界有利的事，也就對我有利。

最後，當我們提出製造好的電壓器需要什麼條件的問題時，就會發現自己身處於一連串的同心圓中，必須穿越一圈大過一圈的解釋圓，直到最後我們可以談論太陽和地理環境，了解洋流的發生、了解平流層的情況等等。例如，太陽表面溫度的升高可能會使地球毀滅。當然就不可能生產電壓器了。所以太陽表面的穩定是製造優良電壓器的先決條件。

為了有更深一層的了解、使其更具科學根據，我們可以這麼說，這些整體性的相互關係事實上就顯示出統一、整合、協調、和諧和合作的程度。也就是說，以上的因素和先前提到的相互影響本身，即代表整合的程度高低。整合度愈高，我所提到的影響就愈明顯；整合度愈低，影響就愈薄弱。

我還可以用另外一種方式來說明。好的管理、好的員工、好的企業、好的產品、好的社區、好的州政府都是彼此存在的先決條件，也是好的相互關係的先決條件。如果改善了當地社區的環境，但最後企業製造出來的產品，並沒有變得更好的話，那一定是運作的過程中出了問題。也許是制度的整合不夠徹底、溝通不良，團隊的合作默契不佳。這其實是一種病徵，我們可以人體來解釋。身體的協調性或整合性不足，就愈危險。例如，如果我的神經系統出現問題，我的左手就不知道我的右手在做什麼，兩手之間就無法取得協調。

我們可以研究哪些因素造成社會的崩離，無法整合。例如，工業界將黑人隔離的做法，只會對產品、員工、經理人、工廠和社區等，造成不良的後果。就拿最近的例子來說，美國黑人為發洩心中的反抗性敵意，燒毀工廠、行刺或是造成南北戰爭。他們犯下的攻擊事件、罪行或偏差行為，使白人不敢在紐約哈林區遊走。因為過去被虐待的痛苦經過長久的壓抑，只有發洩在偶然問路經過的白人身上。這位白人遭受猛烈的攻擊，錢財被洗劫一空，他為過去長期以來的不公平對待付出慘痛的代價——雖然他與整件事毫無瓜葛。在非線性系統公司的管理相信也有這種情況發生。因此在阿拉巴馬美孚石油公司員工的惡行，也會對德馬市的非線性系統公司造成影響，也許是三十年後。

以另外一種方式來說，製造優良電壓器的先決條件，就是要擁有一個完美的世界。相反的，如果原本的良好環境，發生了任何突發事件或者運作不良，最後都會影響到電壓器、原子筆或汽車等產品的製造以及品質。

此外我們有必要分別長期與短期的不同。在討論綜效和道德會計等議題時，一定要考慮到時間問題。今天詐騙一位美國黑人，或剝削印第安員工讓他們覺得不受歡迎，或是激怒紅髮人，或是不給婦女相等的工作機會，以上的情形會產生短暫的好處。

如果我經營一家雜貨店，有一天少找錢給其中一位顧客，對我來說，在那特定時刻，我在金錢方面占了便宜。但就長期和整體世界而言，納入資產負債表計算後，情況就完全不同。如果我是個騙子，就會在當時那一刻影響其他人和全世界。也許我無法立即看到有任何負面的影響，但是我的小孩和子孫將會看到。如果我看不起店裡的墨西哥人，毆打他們，也許我在月底時收入增加了，我對墨西哥人的不當行為也沒有立即造成影響，但是我的小孩或後代子孫未來一定會受到影響。例如，一場軍事大災難摧毀了美國社會，所有的美國人都必須逃至墨西哥，乞求食物。我很好奇，如果白人到哈林區乞食，會發生什麼狀況。

同樣的情形可能也會發生在中國人對美國的怨恨上，雖然這種怨恨的情緒目前正漸漸淡化。韓戰爆發有一部分原因是美國國會和人民在移民政策中對中國人的輕蔑。我們正為過去的罪愆付出代價。我們今日所犯下的罪行，將使後代子孫為此付出代價。

藉由整體性、機體性的思考，就會了解以上的論述是正確且理所當然的。世上每件事都與其他所有事相關，每個人也與其他所有人相關，現在在世的每個人也都與其他所有即將出世的人有一定的相關。

要了解存在於時間與空間的相互關係後，就必須以開放、周密的心去體會。然而，如果不能完全達成目標，但至少管理理論家和哲學家可以朝此方向，證明層層相互關係的存在以及因果綜效的存在。例如，摩斯（Morse）和瑞姆（Reimer）於一九五六年所作的實驗顯示：人類行為的長期後果與短期後果有所不同，我們可以大量使用資源，放棄長期投資，以提高短期的利潤和生產力，改善資產負債表的數字。了解存在於時空的相互關係是人們的公民責任，也是達成心理健全以及教育世界的責任。這項責任就好比科學家有責任追求最後的真相。我們必須尋求更大範圍的真相。

我們已經探討過，在良好的環境下，長期而言，綜效、相互依賴、相互利益，以及「對我有利的就是對你有利」的哲學是可能的。但就短期而言，在危急狀況，在不健全的環境或是在飢餓狀況下，就無法成為事實。當有十份羊排的需求，卻只有一份羊排的供給時，我的利益就與你的利益相衝突。任何得到羊排的人都是剝奪了他人的權益。在此情形下，對我有利的事就是對你不利的事。所有我們認為道德的、人性的、好的人格特質——仁慈、利他、無私、友善和助人——都必須建立於健全的世界之上，也就是每個部分都能完全整合、溝通良好，使相互依賴的整體利益能迅速流動。

至於整體性與社會心理的關係，我從戈德・斯坦（Kurt Goldstein）①的理論以及關於中樞神經系統整合功能的著作開始談起，再擴大到更大範圍、更複雜的系統，最後討論到整體世界的社會心理層面。我也會運用完形心理學的理論架構，在我的《動機與人格》第三章有完整的理論說明。現在我只是說明社會心理層面的運用情形。

再回到本章的開頭部分。我必須澄清：綜合體一「含納於綜合體二」和「綜合體一含納並建構於綜合體二」的情形是不同的。含納於其中表示，不一定有實質的功能性關聯。例如，如果某人藉由外科手術，將一顆石頭植入我的皮膚之下，那這顆石頭就是含納於我的身體之中。但是我們可以說肝臟含納並建構於我的體內，因為它與我的身體有功能性關聯。這項原則可以用來說明內嵌於社區的工廠與其社區之間的關係。工廠可以含納並建構於社區內，也可以像顆石頭般含納於其中，沒有任何的相互關係。

關於整體性另一個重點是，所有的真相或事實愈來愈具整體性，愈來愈均化、統一。知識本身更具連貫性。最好的例證就是數學與邏輯學，當然所有的科學和知識都應有這項特質。人們不喜歡不連貫的事物，對於不連貫的事物採取壓抑、忽略等態度。一旦不連貫或衝突受到重視，人們就必須思考如何使其變得連貫。在此說明認知失調實驗（cognitive dissonance）②，這項實驗其實與我在《存在心理學筆記》（Notes on the Psychology of Being）中談到的超越動機與超越需求相關。存在價值強調整合、統一以及朝向一體的傾向。《存在心理學筆記》的結論與本書的理論可以相互整合。例如認知失調可以視為某種超越需求或更高層次的動機。它會導致反向動機和反向價值的形成，也會造成恐懼、厭惡、威脅和抵抗等負面情緒。這就像是在知的需求與知的恐懼之間，不斷辯證的過程。

我希望能將個人與世界的同化概念放進理論架構中。人傾向於將世界視為與其自己相似的某件事物。另一方面，世界傾向塑造出與其本身相合的個人。換句話說，個人與世界兩者會愈來愈相像。他們彼此具有相互因果關係、回饋與相互影響的關係。我愈整合，愈能察覺出世界的整合，相對的對於不整合的情形就愈不能忍受，希望能改變不整合的情況。當世界愈整合，個人就有愈大的壓力使自己更為整合。當世界漸漸成為一體時，我個人也就愈能成為一體。我個人漸漸成為一體，就會使世界漸漸成為一體。這就是我所謂的同化。它亦會趨使知識朝向均一與綜效的方向發展，知者與被告知者的分別會自行瓦解而成為一體。

一個與社區相互連結的企業

「企業內嵌於緊鄰的社區，這個社區又內嵌於更大的社區。它可以和諧地含納並建構於內，也可以像石頭般含納於內，而沒有任何相互關係。如果要長期保持組織健全的方法，就必須考量企業與社會的相互關係。」

——馬斯洛

艾斯坪公司（Aspen Skiing Company）位在美國的科羅拉多州，這裡有令人流連忘返的自然美景，擁有全美著名的領導人教育機構，悠揚的音樂，一流的餐廳。它也是一個所謂的企業城鎮，艾斯坪僱請了許多居住於咆嘯山谷鎮（Roaring Fork Valley）的居民，此外對附近居民的生活、工作以及觀光也都造成很大的影響。

就像其他大部分的企業一樣，剛開始的時候，艾斯坪並不受到當地居民的歡迎。合作這個字眼在幾年前是不會用來描述企業或居民。人們過去以懷疑的眼光看待艾斯坪，因為很多居民認為這家公司並沒有讓當地社區分享到它存在的價值。

一九九五年，當艾斯坪的領導團隊來到此地時，他們不斷思考如何與居民合作，改善所有觀光客對艾斯坪的觀感。他們必須找出一個可由公司與社區共同合作達成的目標。

艾斯坪曾經遇到瓶頸，無法吸引更多旅客來這裡滑雪——雖然喜歡滑雪運動的遊客數量，當時也已經在衰退中。公司本身也知道，航空公司、飯店，計程車、餐廳以及商場購物等因素，都會深深影響遊客的感受。事實上，這些地方的服務品質帶給遊客的印象，遠遠超過他們實際在山上滑雪的感受。所以他們的目標是，帶領整個城鎮改善遊客在艾斯坪度假時的感受。

當領導團隊了解最終的目標後，他們開始思考如何利用公司的價值與當地居民的價值，為遊客提供獨特的旅遊經驗。他們將目標定為：為遊客提供一次「拾回人文精神」的機會，並讓更多的居民參與這項過程。

艾斯坪執行長歐唐納（O'Donnell）決定，邀請艾斯坪居民每星期義務擔任導遊一天（只有一張免費滑雪證以及一套制服做為報酬）。大家心想他一定是瘋了。不過，歐唐納卻深信，這個工作機會非常有意義，艾斯坪的居民一定會高興得跳起來。初期加入的義工，都是受到艾斯坪滑雪公司的價值所吸引。他們為公司對旅客提供高品質服務的承諾而感到驕傲。事實上，義工和當地居民的聚會，變成了宣傳艾斯坪滑雪公司故事的大好機會，由於這些聚會的娛樂效果實在太高了，竟然引起當地電視台的注意，開始把它當成地區性的活動新聞來報導，也使艾斯坪居民覺得在滑雪場為旅客服務，是一件非常充實又有趣的工作。

不過，第二年這支完全由義工組成的服務團體，卻為歐唐納帶來一個問題：加入的義工人數太多，想像一下美國大企業的主管（很多人是住在艾斯坪的居民）向公司管理層抱怨他們遭到歧視，因為他們的滑雪技術不夠好，無法擔任義工。歐唐納以及他的工作夥伴，馬上想辦法另闢一條管道。現在有些義工在美國丹佛國際機場工作，幫旅客接機到艾斯坪，他們良好的服務態度以及工作水準，可以彌補一些航空公司差勁的服務，讓旅客感覺很窩心。

這些在艾斯坪滑雪公司工作的義工都同意，這份工作很有趣、很刺激，讓他們覺得很充實、很有成就感。很多來這裡觀光的遊客也都有一樣的感覺。

我們一直都很相信馬斯洛的學說，他認為每個人都渴望和別人有一個共享目標，參與一件偉大的任務，尋求人生的意義。我們很驚訝地發現這個社區實現了馬斯洛的理論。悅耳的音樂，世界級的滑雪設備，一流的美食餐廳，真誠地歡迎每位遊客的到來。艾斯坪已經改變了，它不只變成一個更好的觀光聖地，也是一個讓人生活以及工作的好地方。

專訪布萊恩．里林

「其實，大部分的貧窮國家，並不是那麼需要靠外資支援，他們需要的是高度自信的企業家。」

——馬斯洛

布萊恩．里林（Brian Lehnen）是鄉村企業基金會（The Village Enterprise Fund）的創辦人，他將馬斯洛理論引進世界上最貧窮的國家。布萊恩和他太太瓊恩於十年前共同創立鄉村企業基金會。透過區區的一百元美金以及全球各地的發起人，這個基金會利用資本主義，挽救了世界各地無數的貧苦民眾。因為它的幫助，全球好幾個貧窮國家的人民，實現了他們成為企業家的夢想。

問：你為什麼要放棄一個收入穩定的工作，大膽地創立這個基金會？

答：有一次我們參加了多明尼加教堂之旅，激起了開發這個國家的興趣。就像其他人一樣，我們很想實現這個願望，我把它看作是追求生活意義的一項旅程。我還記得，在大學時，有一位教授跟我說：「你不能從尋找快樂中發掘快樂，只有服務人群才能獲得真正的快樂。」我們的行動源自我們的宗教信仰，宗教信仰成為我們工作的動機。首先，我們的任務是傳遞一項訊息：企業家精神和資本主義可以幫助極度貧窮的人創業，體驗長期工作所帶來的尊嚴。我只是幫助他們達到這個目標的工具之一，無論成功或失敗，我們都不能以個人的角度來看待這種行為。

問：你如何達成目標呢？

答：我想我們成功的主要因素是以前就學到的，到現在對我都還有很深的影響。在每位一起工作的夥伴身上，我們都可以看到人性光輝的一面。在美國，我們總是覺得窮人或貧窮會使人喪失人性。不過，當你和世界上最貧窮的人面對面時就會發現，人性的光輝也在他們身上閃耀著。他們與我們並沒有什麼不同。

問：馬斯洛在他的日記裡也曾經說過有關印第安黑腳族的故事，他們的情況和你剛剛講的非常類似。他說，對黑腳族的第一印象是，覺得他們非常有人性，之後才會注意到他們是印第安人。這就你所說的人性光輝嗎？

答：是的。例如，最近我帶一些贊助者到海地，並在那裡停留了幾天，和幾位接受我們協助創業的人見面。其中有一位婦女在解釋到一半時，突然和在場賓客說抱歉，她要先離開去餵她的雙胞胎小孩。我的那位贊助者，他是個很成功的美國商人，併購了好幾家大企業，他對我說：「如果他們有我一半的機會，我會很樂意為他們工作。」他的這種反應就是我希望人們了解，我們不是要「拯救」窮人，而是借他們一隻手、一個人。

問：你已經激發了創投業者的興趣，他們每天創立和併購無數家公司。你如何引起他們對基金會的注意，並且樂意拿錢出來捐獻？

答：其實在我的想法，創投業分成兩種。第一種就像唐納．川普（Donald Trump）在《交易的藝術》（Art of the Deal）所提出的類型。即使是將一雙襪子退回 K-MART 百貨，他們也願意做這筆交易。這類的創投者對於我們以少量資金協助窮人創業的工作會很有興趣。一旦他們看到成果，就希望能成為其中的一分子。雖然他們無法從這些企業獲得任何的利潤或擁有權，但他們喜歡參與創業的過程，幫助窮人發展自己的商業計畫，了解企業的競爭優勢。所以對他們而言，這就是交易的藝術，以及思考過程背後所隱藏的創新能力，當他們看到「人性化的結果」時都非常驚喜。

第二種創投業盛行於五〇和六〇年代，他們都有著博愛的精神。他們非常願意提供資金，因此贊助一些協助人創業的基金會，對他們來說未嘗不是一件好事。他們也了解擁有企業就代表擁有權力，因此他們寧願與我們合作，也不願將錢捐給非營利機構。

問：所以你可以說是一個社會企業家？

答：是的，我和那些營利企業家使用相同的語言、相同的工具和技術。我們協助貧窮而努力工作的人創業。他們學會制定簡單的商業計畫，如果我們認為這份計畫可行，就會提供資金協助他們執行計畫。資金的提供有三個時機：計畫獲得同意後、企業開始營運後，以及達成特定目標後。

社會企業家因為有所成就、知道最後的成效而感到快樂，並親眼目睹區區一百美元投資所發揮的影響力。這與從事營利事業所獲得的成就感其實沒什麼兩樣，只是最後所得到的成果和他們不一樣：我們的所得是真實的所得。

問：請解釋一下，如何能以一百美元創業呢？

答：我想對很多美國人來講，大概很難想像，他們在一家高級餐廳吃兩人份晚餐的錢，是開發中國家一年的薪水。對落後國家海地、孟加拉、衣索匹亞、緬甸以及其他貧窮國家而言，這是一筆很大的數目。所以，我們能以一百美元做出很多不一樣的事。

問：目前你們所贊助的對象大部分是低科技行業，不過據我們所知，你有很多從事高科技的贊助者，我想你應該會去鼓勵以及促進一些高科技的創業投資吧！

答：雖然目前科技在全球扮演很重要的角色，但在我們所接觸過的國家中，很多人一輩子都還沒打過一次電話。電視對他們來説，只是外國人的洋玩意，我們幫助他們開創自己的事業，讓他們有機會獲得成功。例如，農耕、家具製作、雜貨店經營、裁縫、修理腳踏車、做木工以及修理汽車等。將最好以及最新的生意構想告訴他們，使他們能成功地經營「低科技的事業」。

問：馬斯洛在他的日記寫道，人們企圖從工作中尋找生命意義。我想你目前所做的工作，就是所謂有意義工作的最佳典範。你的三位小孩他們是如何看待你目前的工作呢？

答：他們都為我現在所做的工作感到自豪。不過他們畢竟還只是小孩，受這方面影響還不是很深。事實上，小孩有時候可能會認為，他父母的工作無法創造更多的金錢，他們無法擁有一間更大的房子、開更好的車，擁有最新的網球鞋。不過，我只希望他們長大以後，能回頭看看過去我們走過的路，就會看到他們的父母親的努力所創造出來的工作價值。

至於人們企圖從工作中尋求意義，幾年以前因為經濟因素，我又回到營利性的企業工作。於是我開始登廣告徵求能接替我工作的人，還記得當時的廣告內容是：「低報酬但高回饋！」這就是鄉村企業基金的精神。那時我們總共收到超過二百封的求職信！我想這就點出了你剛所說的——尋找生活與工作的意義，希望我的小孩長大成人以後，會發現他們的父親是其中的一位找到了生命的意義的幸運兒。

①**戈德·斯坦：**德國精神醫學家和機體論（organism）的創始人，畢生研究腦傷士兵和語言障礙患者，他認為任何單一的器官受損絕對與整個有機體相關。任何症狀都是整體有機體的一種表現。

②**認知失調：**指多種認知不一致而導致的心理失衡現象。本來以為買黃金可以賺錢（一種認知），可是後來有人說買基金利潤更高（另一種認知），如果兩者不能達成平衡，就會形成認知失調。

21 論存在價值

我們通常都會害怕面對自己的最高可能。害怕我們瞥見自己最完美的時刻。其實我們很享受，甚至驚嘆於一些潛藏在內心的天賦本能。但在另一方面，我們又感到軟弱、悲傷以及害怕而顫抖。

當我們討論開明管理或及他社會制度是達到心理健全的方法時，必須放棄「單一的偉大價值」這類的理論，例如「全部都是為了愛」，或者像一位開明企業家所講的：「我的一切努力都是為了服務人群。」至少目前不適於價值觀的純化。因為當我試著完整地定義真相與誠實時，我發現必須用其他的存在價值來定義。例如，真相是美麗的、好的、正義的、一統的。我還未針對其他存在價值下定義，但很明顯的，美除了它本有的特質外，也包含了其他所有存在價值的特質。

也許未來有一天，我們能夠詮釋所有存在價值的單一本質和一體性。但我懷疑因素分析（factors analysis）①的技術有所助益。

不過，我們可以藉此判斷某項事物是否屬於存在價值。基督教科學家視愛為最高價值，某位學者將真理視為最高價值，約翰．濟慈（John Keats）②將美視為最高價值，律師認為正義是最高價值。我們可以用以上批評的原則來判定，他們所抱持的價值是否符合存在價值的精神。

例如一名信奉基督教的科學家所定義的愛，與醫學和生物的真理相互違背，因此我們知道他們所定義的愛與其他存在價值分離。這顯示出他們的定義不夠完全，或是他們對愛的理解是零碎的、不夠完整。同樣的，有些科學家在追求真理的同時，卻不考慮其他的存在價值。例如，盲目、思考不完整的醫生或機器人專家，或納粹集中營的生物學家自認為自己是在追求真理。但事實上，他們所追求的真理卻與愛、正義和良善等價值產生衝突，因此他們對真理的定義是錯誤的、不完善的、零碎的。與其他存在價值相互衝突或排斥的即不屬於存在價值。所有的存在價值都不能有相互分化或衝突的情形發生。

科學家可以在追求真理的同時，不與其他存在價值發生衝突，因為他所追求的真理與終極目標或存在價值相容。這也符合開明管理的原則。也許有人只追求有限的或單一定義的價值，例如服務，但不包括多元定義的服務。也許我應該以這種方式說：存在愛（B-love）或存在真相（B-truth）都和其他任何的存在價值等同。或者也可以說：存在價值是根據所有其他的存在價值、存在愛而定義的。

或者，我們可以再用另外一種方式說，如果我們能夠維持多元化的存在價值觀，以及它們的一體性，就可以透過任何一項存在價值，達到一體性。只要我們窮盡心力追求存在真相或存在正義，就可以真正擁有真相、正義和完美。

①**因素分析：**針對若干個因變數做分析，研究彼此的相關性，再化約成數個因素，但仍不失代表性。例如我們要研究一個人的心理能力，就必須測驗以下六種能力（六個依變項）：字彙記憶、心算速度、語文推理、數字演算、閱讀理解、數學解題。接下來我們分析這項能力的相關情形，歸納出兩種能力（因素）：語文能力與數字能力，用這兩種能力代表心理能力，但與先前的六種能力沒有太大的出入。

②**約翰．濟慈：**英國詩人，也是十九世紀最偉大的詩人之一。他的詩中對人、對物和情景的描寫給人一種直接、如畫的印象。他認為詩人應該像變色龍一樣，反應各種經驗的色澤，不讓自己的個性干涉感覺的傳遞。他致力於透過神話或是哲學探索詩的完美境界。有名的詩作包括：《心靈》、《哀感》、《夜鶯》和《希臘古甕》。

22 領導權力從何而來

一個人如果總是汲汲營營地想追求權力，那他就是那個不應該擁有權力的人。他會過度使用權力，只是為了滿足他自己的私欲。

我對一些管理著作所提出的領導觀念，覺得很不滿意；像麥克雷格在書裡所說的，多數學者篤信民主教條，而不是依照環境的客觀要求作為領導概念的核心討論焦點。我想我使用的方法是，從完善（模範）環境的觀點或是開明管理的情境出發。這樣就回答了下面的問題：在特殊情況下，誰是最好最稱職的領導者？在一個完美的情況下，假設團體裡的每一個人，對於自我和他人以及每個人的技巧、才華和能力都有完整的認知；對於任何問題的相關細節，也都有單純的存在認知（B-cognition）。假定所有人都有健全的性格，不會有人太過感性或感覺被侮辱，也沒有人的自我過於脆弱，以致必須使用某些手段彌補性格上的缺陷，如謊言和禮數等。假定所有的工作、問題和目的都已被每個人內化，也就是說，工作或責任不再與自我分離，不再存於自我之外，個人強烈地認同這份工作，這份工作也已成為自我的一部分。

我可以舉一個很好的例子。如果我是一個心理學家，非常熱愛心理學，天生就是要當一名心理學家，所以從工作中獲得很大的滿足感。不過，一旦想像自己不再是一個心理學家，生命就會變得毫無意義，就會變成另一個不一樣的人。如果沒有這份工作，我就不是一個完整的人。這種對工作以及使命的認同感，就是存在心理學的觀點，也許很多人都還沒準備好接受它，所以我最好是想出一個比較容易溝通的方法。其實它超越了工作和娛樂、個人與勞力、自我和非心理現實之間的對立。工作、假期以及使命的概念成了自我，不可或缺的一部分。

一旦達到這種理想境界，那所謂的存在型領導（B-leadership）就如同印第安黑腳族所表現出的領導文化，也就好比一群年輕人組成的籃球隊，擁有良好團隊精神，沒有個人英雄主義。黑腳族捨棄全才型領導人，例如，美國總統每件事都想管，但他們寧可依據不同需要選擇適任的領導人。在戰爭時代，就應該挑選一名大家公認最擅長作戰的領導人；在股票市場暴跌的時代，就必須挑選一位能提振股價的領導人。每種情況下所需的領導才能不同，這是非常有道理、邏輯和理性的。因為事實上，每個人的能力和長處都不一樣。我們不可能期待最擅於舉辦太陽舞節慶的人，同時也是出任加拿大政治代表的最佳人選。黑腳族人對自己以及對其他人的想法非常實際，他們了解彼此的才能，總是能針對某一件特定的任務，挑選出最合適的人選，完全不會考慮他在其他工作上的表現是否良好。我們可以把它稱為功能性的領導方式，或者我比較喜歡把它稱為存在型領導。它滿足了客觀環境的客觀要求，符合自然面與心理面的現實。

黑腳族表現出存在型領導的另一個特色：若非經由族人針對特定情況所挑選出來的人，就不具有任何權力。也就是說，他無法影響任何人或命令任何人。領導人與團隊之間形成相互的施與受關係，因為被挑選出的領導人客觀地認為自己是這份工作的最佳人選，團隊也客觀地認為他是這份工作的不二人選。他們擁有相同的目的，領導人就像是四分衛，發出信號，協調團隊成員，朝向共同的目標邁進，但他不能發號施令、濫用權力，試圖控制或影響其他人。事實上，他是被眾人推舉為團隊的僕人，負責組織團隊，在正確的時點發出正確的信號。在非必要的情形下，印第安人黑腳族就不會刻意挑選領導人，在某些情況，沒有組織的團隊一樣也能運作得很好。

這種團隊與領導人之間的關係，與我在其他管理著作中所看到的極為不同。例如，在黑腳族的團隊和存在型團隊中，團隊面對領導人的態度是感激而非怨恨。他們很明白團隊之所以賦予領導人一份重責大任，因為他是最適合的人選。而領導人自己也很清楚，在完善的環境下，他是最適合此份工作的人選，出於心中的責任感，不論喜歡或不喜歡，他都會接下這份工作。

這和美國現在的政治情況非常不同。例如，大部分的領導人都是自己出來參加角逐。有人擁有強烈的野心想要成為州長，然後他就放話出來大聲宣告說：「我要做州長。」接著就會舉辦一連串的競選活動，和其他也想競選州長的候選人相互對抗競爭——這就是我們所謂的競選活動以及激烈的對抗。從存在心理學的觀點來看，這是一個非常不適當，也非常危險的作法。

我說這樣做是很危險的，因為它把選擇的權力留給那些追逐名利的人。在美國這些自行出來競選的人，只是想要擁有控制別人的權力欲，不見得是最適任的人選。他可能一點也不謙虛，不需要別人催促他就站出來競逐心中想要的權力。或者，就像我在一些有關領導階層的文章中所提的，一個權力欲強的人就不適合、不應該擁有權力，因為這種對權力的強烈需求，會讓他濫用權力，最後造成對別人的傷害。或是說，他如此的渴望權力只是為了滿足自己的私欲。也許人們或他自己並不自覺，不過一旦他被推選為領袖，就會忘記所有客觀條件的要求，當初的競選諾言也大都不會兌現。因為他只是單純的為自己著想，只是為了一己之私才出來競逐這個職位。

反過來，我們來看看最適任的領袖人選，他是被公認能幫忙解決問題的最佳人選，可以成功完成人們所交付的任務。例如，一個對客觀環境的客觀要求最有察覺能力的人，可以把自己變成「沒有自我」的人，完全為他人著想。這樣的人心理比較健康，不會命令他人或控制他人的生活，也不會一心一意想要成為大家的老闆。他並沒有刻意的想要滿足自我的私慾，他只是一個大家找來解決困難的人，他覺得這是他的責任，覺得是在幫別人一個忙，而不是像大部分的政治人物，都是自己站出來競逐心裡想要的職位，追逐權力欲望。這種汲汲營營於名利的人，不應該被賦予權力。最佳的權力賦予對象，是一點也不喜歡、不享受權力的人。因為他不會濫用權力，假公濟私，或把它拿來當作炫耀的戰利品，滿足自己的私欲，這些都是匱乏型領導者（D-leader）的動機（擁有很強的領袖欲），他們否定和忽略團隊、環境和工作的實際要求。如果一個人完全沒有想要當領導人的欲望，就是適當的領導人選。反過來說，如果一個人一天到晚想當領導人或老闆，那對他來講是很危險的，我們也應該質疑他到底適不適任。

如果換另外一種說法，存在型領導者和匱乏型領導者之間的不同之處，在於前者是別人賦予你權力，而後者是自行尋求權力。我在稍後的章節中將會進一步討論，並且加以解釋什麼是存在型權力。

存在型權力

所謂的存在型權力（B-power）就是去做需要做的事，做應該做的事，解決一些客觀外在的問題，去完成需要你去完成的事。更進一步地說，存在型權力是可以促進、保護以及強化所有的存在價值，包括真、善、美、公正、完美、秩序等。存在型權力可以使我們的世界變得更美好，使我們的世界更接近完美。簡單地說，在完形動機中，所有扭曲的事物都被認知為直的，未完成的事也被認知為已完成。例如，對大部分人來說，看到扭曲的圖畫會讓他們感到一陣惱怒，因此忍不住要去將它畫直。這種畫直的動作就是一種滿足。扭曲的圖畫是刺激的觸媒。人喜歡把事情做好，把房間整理乾淨，把一切弄整齊，把事情做完，創造完成或完形的結果。

每個人多多少少都有這種傾向，有些人對某一項存在價值的反應會更激烈。例如，對美學或音樂敏銳的人，若聽到一段彈錯和弦的鋼琴演奏就會無法忍受。有一段布拉姆斯（Johannes Brahms）①的趣聞就完全反映這樣的狀況。某人在鋼琴前遊手好閒，然後隨意彈幾個音符和和弦，彈到一半就不彈了。布拉姆斯就坐到鋼琴前繼續彈下去，他說：「我們不能讓和弦永遠無法完成。」

這種情形就像是，一個好的管家會有一股衝動，想把屋裡的東西全部整理好，把房子整理乾淨，或吃完飯後會立刻想把廚房餐廳整理乾淨。前面講的這些都是生活中的小例子，但很真實，和每一個人的生活息息相關。我們也可以跳過這些簡單的生活細節，把例子延伸到更大的生活層面以及更大的範圍。例如為了心裡的一股正義感，你會想去矯正社會上不公正，不公平或不真實的現象。其實，我們每個人心裡，對存在價值都有一定程度的敏感度，都有一股衝動想去把不對的事弄對，想去矯正扭曲的影像。

例如，根據《星期六觀察》（Saturday Review）的報導，有一個人在機場的餐廳點了一客很貴的牛排，但這塊牛排令他難以下嚥，所以請服務生將它退回去。服務生稍後又送來另外一塊，但他還是覺得不好，又把它退回去。然後餐廳又送來另一塊，還是不好，又把牛排退回去。餐廳又送來另一塊，他還是覺得不好，又把它退回去。就這樣前前後後送了五、六次，他還是不滿意牛排的品質，而且絲毫都不肯妥協，一定要餐廳做出他滿意的牛排。我想這裡的重點不是因為他點的牛排很貴，所以百般挑剔牛排的品質，而是他很堅持公平正義的原則。

這種情形就是我所謂的正直的憤慨，是一種強烈渴望去做的憤慨感覺。這股衝動常常會激發我們矯正扭曲的事實、揭發謊言，既使受騙的並不是我們自己。尤其對科學家以及學者來講，他們通常會有更強烈的感覺，想去矯正扭曲的事實，想要知道所有事實的真相。當然我們可以從以往的歷史中看到，很多人為了追求真相，履行諾言而冒險甚至犧牲性命，寧死都不肯撒謊。

對於心理健康，高度發展的人們而言，世界上充滿了需要矯正的情形，若未受到矯正，則會引起憤怒。權力的作用即在於矯正環境，使事情變得更完美、更真實、更美、更正確、更適合等，存在價值值得所有心理健康的人追尋。如果我們以這個角度思考，存在型權力絕對是有益的，它與我們美國人心中所認知的權力完全不同。我們必須區分什麼是不健康的權力、神經質的權力、匱乏型權力和控制他人的權力，什麼又是把事做對、做好的權力。我們以為權力都是控制他人和自私的，但在心理學而言，這是錯誤的認知。

如果我們了解存在型權力的真正意義，就了解存在型領導人必須致力於尋求存在權力，妥善運用其權力以創造存在價值。這與其他管理著作所論述的領導概念極為不同。這是對責任的一種回應。

如果我們遵循以上的客觀分析，就可將工作場所中的存在型領導人，定義為一位把事情做好，組織力強的領導人。若以打獵來說，我會聽命於一位能力比我強的功能性領導人，但是關於出版的事情，我不可能聽他的。如果有人可以隨意把我玩弄於股掌間，那我一定是有問題，當然這個人也有問題。

存在型領導人絕不會想要把人玩弄於股掌中。講到這裡，我想也應該順道談一談存在型追隨者（遵照別人指示做事的人），我們可以定義存在型領導者的方法，來定義存在型追隨者。他已將解決問題的目標與方向內化，並認同它們；他希望一切都能圓滿解決；他知道另一人比他更適合擔任領導人的工作，他也非常希望存在型領導人成為他們的領導人。

不同環境的客觀要求，需要不同的領導人。例如，我們可以採用民主的投票方式，選出一位領導人，賦予他極大的權力，甚至包括掌控生死大權，因為在某種特殊情況下需要這類型領導人，如在救生艇上、軍隊或是開刀小組中。在以上情況中，命令是直接的，不需要任何的道歉或交際手腕。存在型領導人發布命令時不會感到罪惡，也不覺得自己是在占便宜，更不會因此而慌了手腳。如果他的工作是宣判無期徒刑或死刑，他不會因此而崩潰。這是客觀環境需要的領導人。當然在某些環境下，需要另一種完全不同的領導人。雖然我認為整個工業界必須採行參與式管理，參與式管理的經理人也較符合客觀環境的要求，但有時候確實需要強硬而獨裁的領導人，他會大聲下達命令，要求立即執行，不得有誤。

我們可以歸納出一個結論，所有的領導人或老闆必須專注於環境的客觀要求，不要太在意追隨者或員工的感覺。例如，我認為大部分的領導人都禁得起別人的敵意，不會因不受歡迎而感到沮喪。被所有人喜愛的領導人絕不是一位好的領導人。領導人必須勇於說「不」、有果斷力、有勇氣抗爭，只要客觀環境需要，就必須採取強硬的態度、傷害人們、對人開火或給予痛苦。我們也可以這麼說，在大部分情況下，領導人不可軟弱。他不能受到恐懼的驅使。他必須有足夠的勇氣。

因此，我想某些神經質人，多半不適合當領導者。例如一心一意只想追求安全感的人，在大部分的情況下，就不可能是一個好老闆，因為他害怕對手或員工的報復，他寧願擁有安全感，也不願解決問題、增加生產力和創作力。他只想安安穩穩的過日子。簡單的說，他太容易受傷了。同樣的，對一個渴望擁有愛的人，他的所做所為都是為了要贏得所有人對他的愛與關懷，他希望受到別人的歡迎，被欣賞、被感謝。像這樣的人無法忍受失去愛或把愛分給別人，所以也不會是一個很好的領導人。

理想上而言，一個堅強的領導人，他的基本需求，如安全、歸屬、愛與被愛、榮耀與尊敬，自信與自尊等，都能獲得滿足。當一個人愈趨近自我實現，大致而言，他就愈能成為一位好的領導人。

當然，存在型追隨者的情況也是一樣的，因為社會對他的個性要求和對存在型領導人是相同的。這使我想起一句話：「每個人都是將軍。」在理想的或完美的環境下，只要他被認為最適合這份工作，都可成為特定功能的領導者。他能夠控制大局，做老闆，發號施令，衡量各種狀況。在一個民主社會下，每個人都應該是將軍，應該都有能力當老闆，或至少在某些情況下做一位領導者。也就是說，他應該有能力評價存在價值，擁有正義感，發掘事情真相，追求真、善、美。每個人都應該有寬廣的肩膀去承擔重責大任，並且享受其中，而不是把這種責任當成是一種負擔或無法負荷的責任。

此外，在大部分的情況下，做為一個好領導者的先決條件是，能從他人的成長與自我實現中獲得喜悅。也就是說，他擁有做父親的責任：至於父親的定義，與一位好上司的定義相同，他必須在各方面都很堅強，享受支持妻子與小孩的責任；必要時必須給予孩子處罰，因為愛與嚴厲同樣重要；當他看到小孩順利成長，妻子更為成熟，達到自我實現的目標時，就會感到滿足。這也是好的經理人應該有的態度。但是優秀的經理人還必須是一位優秀的存在型追隨者，也就是在必要時，他必須承擔領導的責任，但如果有一位更好的首席小提琴手，他就必須退居次位並享受其中，如同他擔任首席小提琴手或獨奏者一樣地表現傑出。

關於做為好父親以及好領導者的另一點，如果他真的能敏銳地察覺出現實的要求，就可能暫時得不到孩子的歡迎。也就是說，有些時候他必須有勇氣對小孩說「不」、自我約束、反駁小孩的意見，當小孩沒有衝勁也沒有能力去做一件事時，他必須擺出嚴厲的一面：

他能了解延後滿足的重要，並有能力延後滿足，小孩的衝動與無力延後滿足，是不好的現象。勇於對子女說不的父親，通常比較不受孩子的歡迎，不過他必須忍受這種事實。因為長期來看，真相、誠實、忠實、公正以及客觀都將會贏得最後的勝利，贏得別人衷心的讚賞。所以在這種情況下，有人即使不受歡迎，不被人關愛、被嘲笑、被攻擊，仍能看透客觀環境，並且做出適當的回應，而非只圖一時的滿足感而已。

我想如果以社會制度的例證來看科學，那是一種「無領導者」的環境，更好的說法也許是每一個科學家都是領導者。

專訪南茜．歐斯琳

「我們並非將人區分為領導者和追隨者兩種。如果每個人都知道自己的目標，並且都能極盡所能，展現最好的一面，做出最大的貢獻以完成目標。他就會和別人一樣，成為獨當一面的大將軍。」

——馬斯洛

南茜・歐斯琳是一個相當不平凡的企業家。她創辦了數家成功的企業，其中最著名的就是全國連鎖零售珠寶店名為印斯特（Imposters）。在南茜的領導之下，目前這家珠寶店快速成長，已經擁有一百二十家連鎖店。

問：你覺得領導者應該扮演什麼樣的角色？

答：成為領導者的過程，就好比成為一位音樂家或指揮家。開始的時候，你會花很多年的時間吸收音樂知識以及彈奏樂器的技巧。剛開始時也許會同時嘗試彈奏好幾種樂器，你可能會從獨奏開始，慢慢再嘗試雙人演奏。後來可能會覺得二重奏還是太簡單了，因為和你的合作夥伴太親近了，彼此可以看透對方的心思，互相創造出和諧的雙人演奏，所以日子一久，你可能就會想嘗試更高難度的挑戰。

隨著你在音樂知識方面的成長以及經驗的累積，你發現自己已經可以指揮四重奏或室內管弦樂團的演出。此時你了解每位團員都一樣重要：如果首席小提琴手走音或是法國號的拍子不對，就會影響整個樂團的演出。所有觀眾將無法傾聽美妙的樂聲，反而會把焦點集中在演出變奏的樂手身上。這時如有必要，你就必須代替其中一位樂手。在累積了豐富的經驗以後，你有可能變成一個大型交響樂團的指揮，當你看著他們時，就會了解為什麼每一個音樂家都想加入樂團，為觀眾演出。畢竟，沒有一位貝斯手練習多年而不想上台。你也知道，身為一位指揮家，所有團員都希望你帶領整個團隊，做最完美的演出。將所有人的感覺和熱情整合在一起。使每一位團員成為整體中的一部分。

在演奏結束時，音樂家通常都會大大的鬆一口氣，並且大聲的說：「喔！我好高興是這個樂團的一分子。」當你轉向觀眾向他們謝幕時，你看到他們大力鼓掌，大聲叫好，這時你也會忍不住的說：「喔！我好高興自己是其中一個觀眾。」

專訪林達．艾莉平與大衛．萊特

「傳統的管理方式已經逐漸不適用。擁有愈高層次需求的人，心理就愈健康。要在激烈的競爭中生存，就必須採行開明管理政策，若是採行獨裁管理，營運會益加困難。這就是為什麼我對先進管理如此樂觀的原因，為什麼我認為它會是未來的潮流。」

——馬斯洛

大衛．萊特（David Wright）是阿姆德企業（Amdahl Corporation）執行長，也是美國矽谷高科技行業中的佼佼者。高科技產業是轉變快速的產業。他非常有遠見、務實、以價值為考量，很適合這個高度競爭、高風險、需要專業知識以及快速變化的新經濟市場。

林達．艾莉平（Linda Alepin）則是裴伯利斯學習公司（Pebblesoft Learning Inc.）執行長，這是一家異軍突起的網路公司，就像其他數以百計快速發展的美國公司一樣，他們改變了美國的企業版圖。艾莉平是一個資深的企業策略專家，也是矽谷地區的領導者之一，從她身上可以看出未來領導者的特色。

在成為美國企業界領導人之前，大衛和林達曾經在同一家公司做事，不過兩個人卻從來沒有真正一起共事過，他們同樣都是個性激進的領導者，並且把對方看成敵人，互不往來。不過，目前他們都已經晉升為管理階層，作風和以前也不太一樣了，他們都深深受到馬斯洛思想的影響。經過轉化工作關係的流程後，他們發現工作環境也跟著改善了許多。我們在他們位於加州的企業總部訪談。我們發現他們正是馬斯洛所稱開明管理的兩個典範。

林達：我剛上完一個管理發展課程。我的第一項功課以及第一件想做的事是，把最難共事的員工列表。當我看這張表時，發現大衛也名列其中，我記得當時是這樣描述他的：

- 積極的行動者。
- 角逐執行長職位。
- 他不喜歡我。
- 想要陷害我。
- 沒有策略力。
- 嫉妒心很強。
- 只關心財務結果。

這個特別規畫的管理課程不只要求你做筆記而已。所以，我下一個功課就是要寫出我要怎樣處理我們之間不友善的關係。事實上，這項課程就是要告訴你可以採取哪些行動，避免採取哪些行動。目的不是要改變他，而是要改善我與他的關係。我這麼寫著：

- 避免跟他討論有關策略性的問題。
- 先過濾和他的談話內容，並且盡量設定在「和他身邊有關的事」之類的話題。
- 從實務的話題開始。

●不要存在太多個人化的想法（不要先入為主）。

這些是我第一次所寫下的一些問題。現在我發現完全誤解了他。我想這種錯誤的判斷經常發生在企業裡。

大衛：我同意。我也感覺到林達不喜歡我。我通常可以看出當中的問題是什麼，因為我是業務出身，因此可以很快地做出判斷。你可以很快就知道顧客是否喜歡你。這是一種直覺。我一直沒有真正去了解我與林達之間到底出了什麼問題，也沒有時間好好想一想。並不是我不在乎，只是我實在是太忙了。後來我了解不同職位的人，會有不同的想法。因為經常和客戶接觸，你會很快洞悉他們心理的想法，也比較能夠理解人們的立場。我現在正全力向前衝刺，所以非常集中精神。在那個時候，我不知道自己是否要出馬角逐行政總裁這個職位。

我想那是非常有趣的。一些小型企業的領導人總是抱著「只有我的方法才對」的心態。除非你照我的方式做，否則就請離開我公司的大們。你在商界中待得愈久，就應該愈明白，必須對很多情況做出更多的妥協，調整自己的心態。你必須對人以及對這個世界有更多的了解。必須了解每個人對事情的看法。林達給我的啟發比我自己身邊的老友還要多，我的朋友往往只會跟我說「好，是的，你說得對」。他們跟我很相像。不過，我心裡也明白，如果我希望能在矽谷長久工作下去，就不能只與意見相近的朋友接觸。事實上，公司裡也存在著「大衛之友」（Friends of Dave）類似的團體，一直到我開始進行阿姆達爾公司總裁的角逐活動時，才知道這個組織的存在。

林達：是的，那是因為很多人察覺到，如果你是大衛的朋友，就可以繼續在這家公司大展拳腳，如果不是的話，可能就得隨時準備走路。

大衛：無論如何，我對整個情況已經很了解。當林達對我的態度有所不同時，我才真正地清醒過來。我感到非常困惑。我在想，她是不是上帝賜給我的恩賜，激發我不同面向的思考，促使我改變對事情的看法；或者應該對她的態度感到不安，提防她可能對自己作出攻擊。因為可以很明顯的感覺到，這個人真的不支持你，不喜歡你，這種感覺就好像你突然間接收到一些不一樣的東西。

當我們開始交談，我對自己說，眼前這個人擁有一些我所沒有的東西。她有一些與眾不同的觀點。當雙方真正開始交談，我就知道她是老天給我的一項恩賜。她在財務方面的知識非常完整，而且比較擅於策略性思考（到今天都還是如此），她可以用不同的角度看事情。

林達：除非你善用策略，全心傾聽各種不同的聲音，多面向思考，並且挑選在某項領域有特殊專長和知識的人才，否則你就無法受到他人的刺激。尤其當你處在公司的高層時，情況和你做為一個中級主管時完全不一樣。如果你只是一名中級主管，就有機會和很多人交換意見，可以趁機吸收到很多不一樣的知識。但在辛苦爬到高位以後，你身邊的人無法給你任何的刺激。

大衛：的確是這樣。其實，我發覺真的很喜歡林達。我想同一時間，她也在想她是否也喜歡我。因為雙方的關係明顯的改善，所以激發了我們一起工作的動力，並且以很積極的方式進行。

林達：身為一個領導者，我比較像是一位推動者。我的工作就是使每個人說出心中的想法，讓他們彼此了解，彼此交換意見。就像很多突然間崛起的新興公司一樣，我目前也面臨到一些危機。幾天前我們舉辦了這種腦力激盪的會議。花了好幾個小時演練各種可能發生的情節以及應對的策略。在會議過了幾天以後，我開始質疑自己的管理方式是否應該更專制一點，因為我正面臨前所未有的危機。雖然我不相信獨裁管理的效用，但是先前的管理模式使我陷入了危機。當時我發現，當公司發生危機時，就必須回頭採行獨裁管理。為什麼？因為那是你的工作。不過，現在我認為危急情況不適合採行獨裁式管理，它已經沒有任何的生存空間。在那次會議後，每個人都會自動告訴我目前所採取的行動，讓我知道最新的狀況。如果採行獨裁式管理，就無法激勵公司以外的重要相關人士採取行動。

大衛：獨裁管理只是一個方向，但並沒有必要去控制或命令你的員工。

林達：是的，我完全同意。不過，過去我相信如果公司陷入危機，就需要一位行事果斷的獨裁者。那是控制整個局面最好的方式，會比較容易處理事情。有了一次經驗後，我開始思考獨裁管理的必要性。我和一些極優秀的人一起工作，真正改變了我的認知。我覺得管理還包括延攬好的人才，而不只是找來一些所謂的專家。這些好的人才喜歡發表內心的意見，不自我為中心。我曾經和三到四位的前總裁開過會，每個人都拋開本位主義。一位好的團隊成員和舊有的模式有所不同，重要的是你必須與其他成員有良好的互動，成為團隊的一分子，而不是盲目的順從。這是力量與意願的整合，願意傾聽和參與，而非要求絕對正確。這與我們十年前的運作方式有很大的不同。

大衛：這是十年以前我所信奉的制度。不過毫無疑問的，現在的作法已經不一樣了。我想你看到了今天在矽谷工作的這些人。這是一個非常有趣的研究。思科（Cisco）的錢伯斯（John Chambers）前幾天來我這裡。他可能就是我們現在正談論的這類人。他是一個心態相當平衡的人。了解他自己來自何處，想要做什麼。只要有人覺得必要，他很樂意讓別人成為領導者帶領他。以前人們總是覺得知識就是力量，而現在到處都是知識。如果今天你想嘗試做一個販賣知識力量的經紀人，我想你很快就會戰死沙場，在經濟市場上消失不見。你會搞不清楚自己身處何地。因此，我認為現今的執行長角色也應該跟隨實際的環境做些調整。但是不應該改變自己的風格，只要改變你扮演的角色就可以了。有時候你必須扮演一名班長，有時候只要坐在課堂上聽別人講話就可以了。我想不管你是男人或女人，科學家或會計師，或是一家公司的執行長或是專案經理，這些都無關緊要，重要的是你是這家企業的一分子，彼此都為一個共同的目標在奮鬥。當我試著把自己的目標一一寫下時，這些想法在我心裡就愈來愈清楚。這個過程讓和我一起工作的員工了解到，我和他們擁有同樣的基本價值和方向。

林達：企業的盈虧其實是一件比較容易解決的事，人的問題反而比較難解決。管理者必須花更多的時間，激勵員工徹底執行公司的目標，全心投入工作，激發他們的創作能力，對公司做出最大的貢獻。

大衛：我想企業團隊將會扮演改善世界的角色，而不是政治或政府單位。企業領導人都應該了解人的問題大過企業本身。當我們繼續利用科技教育人們以及學習新東西的同時，也必須關心並且把焦點放在窮人的身上，尤其是第三世界。因為科技是無國界的，我們是全球性的，是一體的，如果沒有基礎建設和價值，將會造成全球性的問題。關於人這項「軟性」議題，對我們居住的世界是愈來愈重要。

①**布拉姆斯：**德國鋼琴家、作曲家。他的作品雖有極強烈的浪漫主義色彩，但是仍保有古典音樂的傳統。他最有名的作品即是一八七六年完成的《德意志安魂曲》，被譽為是十九世紀最重要的合唱音樂之一。

23

決定優秀領導者的因素

新式企業管理（開明管理）最大的優點是，無論你的重點在於，何者對人性發展最有利？或是何者對創造利潤、製造好產品最有利？結果都是一樣的——對人性發展有利的事，亦能有助於創造利潤及製造好產品。

從這個觀點來看，我想利用杜夫有關優等雞隻的研究（體型較大，較強壯較占優勢），來做比喻是很適切中肯的。所謂優等就是擁有較好的選擇。從我讀過的管理書籍中，沒有一個作者敢面對在民主政治裡造成極大爭議的一項事實：某些人在特定的技巧和能力上比其他人較占優勢；在某些環境中，有人天生生理上較其他人具有優勢。依據路易斯・特曼（Lewis Madison Termon）①的研究顯示，某些重要的特徵彼此之間有正相關。例如，在智力上較有優勢的人，其他方面也較有優勢：有些因為生理上的健康而被特別挑選的人，在其他方面也較占有優勢。這種普遍性優勢可以用來解釋，為什麼有些人的運氣一直很不好，而為什麼有些人的運氣一直都很好。也許可以藉此探討所謂的「倒楣個性」（schlemiel personality）。

杜夫實驗裡的優等雞隻在各方面的表現都非常傑出。也就是說，牠們在各方面擁有最有利的優勢；牠們在支配層級中位居較高的等級；牠們體型較大、比較強壯、比較健康；和其他的雞隻相比，牠們擁有比較豐滿的羽毛，性能力較強，交配的機會也比較多，也會選擇比較好的食物。

不過，杜夫在分析這些雞隻自由選擇食物時，重點是發現，牠們比起那些劣等雞隻更能選擇對健康有益的食物。杜夫之後謹慎地將優等雞隻的食物拿出餵食劣等雞隻，發現牠們的體型增大、更健壯、羽毛更豐滿，但是牠們仍然無法像優等雞隻一樣的優秀。牠們只能提升至五〇％的程度。牠們的體重確實增加了，但是比起那些天生或遺傳基因較好的雞隻來說，仍有一段距離。

如果也把這項原理運用到企業管理方面的話，你可能會覺得有點驚訝。假設我們尋求一位存在型領導人，也就是在遺傳基因或天生的生理機制占有優勢，使得他們在某些特定工作上可以成為優秀的功能性領導人，例如，他們可能是智商最高的一群人，就會產生以下幾種假設，其中之一就是他們可能生下來就是如此，當然這需要長時間的查證。包括智商、好的體質、生理的能力、較佳的活力和體力、較優秀的自我力量等，都與遺傳或天生有關。

另外一個問題就是，如何與這群特別優秀的人共事，如何與他們應對。這些人將會自然而然移往到社會的最頂層，就像奶油會聚集在牛奶的上層一樣。因為這些優秀人士在各方面的表現都很傑出，也就是說，若在某一領導情境下他是最優秀的人才，那麼在另一個不同的領導情境下，他也比較有機會成為最優秀的人才。

但是這樣的情形就與我先前提到的功能性領導有所矛盾。如果優等的和劣等的領導者與追隨者是天生的，那麼社會該如何處理這樣的情況？該如何使其與民主社會相結合？這樣的情況也會引發所謂的「反向價值」，如尼采式的怨恨、對優秀人才的怨恨、對傑出表現的嫉妒、對比我們漂亮而有智慧的人的敵意與仇視等。除非居於劣勢的人能真正地尊敬具優勢的人，或至少沒有怨恨和攻擊，否則社會將因此癱瘓。此外，優秀的人才必須由他人自由選出，否則企業與社會將無法正常運作。這是達到理想狀況的必要條件，一個人必須能夠客觀地觀察他人的智商高低以及身體的強壯，並對他人說：「你比我強壯，所以你比我更適合這份工作。」而在此過程中沒有任何的怨恨、自尊的失落感或摧毀感。

有趣的是，社會上每個人都在迴避這個問題。例如，我們說每一個人都有投票權，但是有一〇%到二〇%的人事實上根本就沒有投票權，例如監獄或精神收容所裡的人、心智能力較弱的人、身體殘缺以至於終生以醫院為家的人、必須依賴他人照顧的老人、無助的殘障人等。至少有一〇%的人口需要我們告訴他們做什麼，需要我們像寵物一般地撫養。此外我們必須知道，有二%的人是技術性的心智薄弱，也就是五十人中有一人不能正常營生，沒有自治能力。我還未將整件事理出頭緒，不過日後一定會有一個清楚的結果。我必須重新研究納粹時期奴隸，或是弱者的道德感與強者的道德感之間有何差別。

不過這又引發另一個問題。譬如說，在我們的社會中，有些表現傑出的人會有愧疚感。有很多人因為不敢展現自己的才能而變成「失敗者」；他們感到非常困擾、有罪惡感、太過自私、太粗魯，心裡承受太多的壓力。我們對這些失敗者，或者更好的說法應該是「不敢贏的人」的研究或分析實在不足。如果我們對民主社會的領導特質有更深入的研究，就能對他們有更多的了解。

另外在我心裡還產生一個問題：整體而言，較理想的情況是，不管是不是天生，最好每個人都擁有投票權。但是在正常的工業環境中，這並不是一個好的想法，因為在競爭的環境下，實質上的成功和生產力是決定企業存亡的關鍵因素。無論是在社會主義國家、資本社會、共產社會或是法西斯社會，都是一樣。例如，因為市場是自由開放，競爭相當激烈，每一家工廠都必須好好地做，以免落得關廠的命運。因此實質的優勢是必要的。在此情況下，人們是不可替換的，因此不應該讓每個人都有投票權。唯一可行的情形就是在完全沒有競爭的保護環境下，例如現今西班牙的狀況，因為沒有競爭，所以工廠可以是無效率的。由此可知，在現今自由選擇、開放競爭的環境下，尋找具有實質優勢的經理人或員工，有其必要；以最有效的方式做事，也有絕對的必要。能夠以最有效的方式做事的人，就能夠壟斷汽車、收音機或其他市場。

談到優秀人士，最大的問題是我們能容許他們有多高程度的自尊、優勢、自傲、誇耀和健康的自私？在美國社會，優勢是被隱藏起來的，沒有人會在公司說自己有多優秀。隨著心理科學的進步，我們對自己的了解愈來愈透徹、客觀，我們知道自己的智商有多高、知道自己的個性測試有幾分、知道自己在羅夏墨漬測驗（Rorschach Inkblot Test）②的結果，我們可以在公開場合談論自己的缺點，卻不能談論自己的優點，老闆、領導人或成功人士傾向於防衛的姿態。但是在完美而理想的環境下，奶油自然而然地浮到上層，反過來說，能浮到上層的只有奶油。

講到這裡又讓我想起了印第安黑腳族的經驗，在他們的社會中，財富和技術、聰明才智之間的相互關係是完美無缺的。財富代表個人的能力。在理想的社會情況下，本應如此。成功、財富以及地位與實質的能力、技術以及才華，完美的結合在一起。事實上，所謂良好的社會，就是所有位居上層的優秀人才，值得如此崇高的地位，所有被選為高級主管的人是最適當的人選，所有最優秀的人才都應該被選為高級主管。例如，在美國每個人都盡量避免炫耀。但是黑腳族印第安人就不同了，他們會宣揚自己的優秀，就像我們在名字後加上學位一樣，代表了某種成就。

平原印第安人通常在每次大勝利後，都會在盾牌插上一支老鷹的羽毛。我們現代人也有類似的做法。尤其是在軍隊，士兵通常都會把勳章掛在胸前，以顯示他的戰績彪炳。紅色絲帶代表你是斐陶斐榮譽學會（Phi Beta Kappa）的一員，表示你是一個傑出的學生。我想這種天真無邪的自誇以及自然流露的愛現，早就已經深植在人類的天性裡，逐漸被允許甚至受到鼓勵。

另一方面，這種做法又產生了一些問題，就是我曾經在另外的章節裡所提到的，有關領導者與被命令、開除或懲罰的人之間的關係。我想我們應該面對現實的情況，我們對有權力命令我們的人的態度（既使它是很仁慈的權力），和對實力相當的人的態度不一樣。在某些情況下，對經理人、領導者或是軍隊的將軍而言，最好保持某種程度的孤立，與其所要管理的屬下保持一定的距離、客觀性，就好比治療師不應和病人有任何報酬或懲罰的關係。也就是說，心理治療師不能像老師一樣給病人打分數，這會影響心理治療的效用。

此外，我必須再次強調，所有領導人都不應像其他人一般地公開揭露自己。這又讓我想到面對危急狀況的船長或是心懷疑懼的將軍和外科醫師，他們不可以表露自己的不安和焦慮。根據一項研究，表露心中的憂慮會打擊組織的士氣和信心，反而會收到反效果。一名好的領導者所必備的條件，應該還包括有能力隱藏任何對組織有害的訊息。他必須自己承擔所有的焦慮、不安和緊張。必須分清開放與傾聽的不同。優秀領導者的一項特質是清楚現狀。他必須隨時張開耳朵，吸收來自各方的訊息。他也必須清楚地看出目前正發生的事情。但這與公開揭露自己的內心感受不一樣。

領導者應該具備的優點之一是，有他自己的一套方法。也就是說，做為一個領導者，他必須具備自己的獨特方法，並且能享受這種感覺。我們假設存在型領導人能享受並且促進存在價值。擁有自己的方法的意思是，他有能力和權力在一個需要把事情做對，並因此得到快樂的世界中把事情做好。如果我是一名存在型領導人，我會因為從事一件好工作或是看到一件好工作被完成、建立一個良好而有效率的組織、製造好的產品等，而感到快樂無比。這就是高層次的工作本能，在未來的社會中會愈形重要。

在理想狀況下，存在型領導人必須是弗洛姆所謂的健康自私——參考其所著《逃離自由》（Escape from Freedom）。假設存在型領導人能依循自己的衝動，做自己喜歡做，以及本能上想要做的事，避開會使自己憤怒的事，努力討好自己、滿足自己，那麼世界將因此而獲得改善——

因為能討好他的事也可以改善世界，使他憤怒的事會摧毀存在價值。這就是完美的綜效狀態，他可以依循自己的喜好做想要做的事，並證明這是改善世界的最好方法。

假設有一家企業是由大家共同擁有的，共有三千人。那麼未來這三千人會選擇哪一種管理模式。換句話說，哪一種管理模式能滿足所有人的需求？我們假設所有人都是聰明而健康的。我認為他們一定會選擇開明管理原則；他們一定會僱用或挑選存在型領導人（如果他們需要一名領導者）；他們會成為存在型追隨者。一方面他們會內化組織計畫的目標，追求自私的利益，著重於生產力、利潤、組織發展的提升。另一方面則是追求個人發展、成長、自我實現以及快樂的工作環境。

當然所有人都不希望組織崩潰。最好的辦法就是擁有最佳的管理模式、社會組織，以及允許個人成長的環境。每件事都很有邏輯、有秩序地運作。因為所有人都有能力成為將軍，因此絕對有必要建立一個良好的環境，讓他們能享受自己的工作，享受生活。新式企業管理最大的優點（開明管理）是，無論你的重點在於何者對人性發展最有利，或是何者對創造利潤、製造好產品最有利，結果都是一樣的——對人性發展有利的事，亦能有助於創造利潤及製造好產品。對個人有利的事情，長期而言亦有助於製造好的汽車。對製造好汽車、擁有高效率工廠有利的事，亦對員工的發展有利。

摘錄譚南邦（Robert Tannenbaum）在一九六一年所寫的一本管理書籍的話：「經理人對人

的信任各有不同，包括在特定時間對某些員工的信任，每位經理人也不盡相同。」他對信任的強調讓我想起民主式管理的新教條與現實環境的狀況之間，有著明顯的對比。摘錄譚繼續指出，經理人對他人信任度的差異，就好比經理人的性格特質人人不同，但這也引發了一個實際的問題：「誰最適合處理這個問題？」某些信任是很實際的行為，但也有一些信任非常不切實際。信任精神病患或偏執狂就是一件愚蠢的事。任何強調信任所有人的論述，都是不切實際的。

此外，經理人的指導（directiveness）性格也有所差異。「有些經理人對於指示工作較得心應手。解決問題和發布命令對他們來說，是易如反掌之事。有些經理人則比較喜歡團隊工作，他們會與屬下共同分擔責任。」這不僅是性格上的差異，還牽涉到環境的不同。某些情況需要指示型領導人，例如船長、軍艦或軍隊的指揮官。有些情況則需要一位團隊型領導者。兩種領導人都存在於現實環境中，我們必須依環境需要選擇適當的領導人。但是，我們不能因此認為命令型領導人是不民主的。某些人天生的性格就是如此，我們必須了解它並接受它，使其在最有利的環境下，發揮最大的效用。然而最大的危險在於教條的不切實際。

我想必須再說明一件我們還沒討論到的事。我認為有必要在這裡特別指出，高度指示型領導者的心理特徵：具有強烈的完形動機。潔淨、美學、完整性的缺乏會使他感到惱怒。這種人會把牆上彎曲的圖畫修直。他比其他人更無法忍受沒有秩序的狀況，他比其他人更希望世界變得完美，若有權力如此做，對他來說是再好不過。事實上，這也許是擁有權力的最好報酬。他們願意承擔權力所帶來的麻煩、責任、非理性和自制，以保有權力並消除彌補潔淨、完全的缺乏。

我們還必須考慮性格上的支配欲望。對於支配力的定義，許多領導理論的研究生也提不出完整的論述。他們對許多針對動物的研究，尤其是猴子和黑猩猩，也所知不多。支配力確實是決定性格的因素之一。每個人生來對於控制、拖延、被動與主動的需求，以及生氣或逃跑的傾向不盡相同。他們也必須清楚腎上腺素與非腎上腺素的生理學知識。光是這項因素，就足以決定一個人是傾向還擊或逃盾、主動或被動。

我也不希望在討論領導的影響因素時，忽略生理優勢的負面變因。一般而言，領導人在所有應具備的性格上均占有優勢。為了符合現實的客觀需求，領導者必須比他的追隨者更有效率、更有能力、更有才華，如此才能有較實質的成功。譚南邦特別強調，覺察力是成功領導人的必備條件——顯然地，盲目的領導者或是無法吸收資訊的領導者，對現況就無法有全盤的了解，也就不可能成功。但是高度的覺察力或是強烈的存在認知力，與心理健康有關。也就是說，心理健康與成功的領導之間相互關聯。

①**路易斯・特曼：**一九二一年他針對天才兒童進行長期的綜合研究計畫，依據他的研究資料可證明，天才兒童往往比一般兒童要健康、穩定。

②**羅夏墨漬測驗（Rorschach Inkblot Test）：**由不同形狀的十張墨漬圖所構成，原設計人為瑞士精神醫學家羅夏。製作方法就是將墨汁滴在紙片中央，然後將紙對摺用力壓，墨汁就會形成不規則但相互對稱的圖形。十張圖中有三張為黑色，兩張加了紅色，三張為彩色。讓受試者憑主觀直覺回答對這十張圖的想法，主試者再依據回答分析可能投射出來的心理涵義。

24 領導策略的決定因素

特定的環境或問題的客觀要求，是決定領導策略以及追隨策略的重要因素。

有一種現實狀況偶爾會出現，但也常常使民主性格的人感到不適：某個人比其他同事占有實質的優勢。這種情況使人無法看清環境的真正需求，判斷何種管理模式適合。例如，參與式管理模式在以下情況是不可能發生，即使要實行成本也會相當高昂：一群由平均智商為一二〇的人所組成的團隊，與一位智商有一六〇的領導人，如果讓成員討論出解決的方案——比起智商較平均的一組，過程會更為困難。因為優勢者會因此而不耐煩，為了控制自己的衝動，身體所承擔的壓力會更大。他也許很快就能找出真相，但是其他人卻得花上大半的時間；他必須忍住不說。對他來說，這實在是一大折磨。

另一個問題是，就意識層面而言，每個人都會覺察出智商的不平等。智商較低的人，漸漸地就會習慣於等待智商高的人給予答案。換句話說，他們不願花費心力，因為這樣毫無用處也毫無意義。他們為何要花三天的力氣，去解決一個高智商者三分鐘內就能解決的問題？其他人將變得更被動。他們可能覺得自己很笨、沒有能力，但事實上並非如此。

此外，智商較低的人在不知不覺中就會對智商高者產生莫名的敵意、憤怒與嫉妒。一個人愈沒有意識到真實的狀況，就愈可能產生反向怨恨。內心感覺自己愚笨的人比較容易認為自己是別人敵視的目標。例如，他會以為其他人都在努力讓他覺得自己很笨，為了防衛自尊，就產生了敵意與怨恨。我認為，愈了解情況的人，就愈不會產生反向怨恨和敵意，也就不會形成壓制和防衛心態以保護自尊的必要。

另外一個變數就是時間與時間區段。在需要明快決定的情況下，優勢者就顯然必須快速地、直接地、不加討論地做出決定。如果必要，必須直接下達命令，無須任何解釋。另一方面，如果時間區段較長，例如創辦可以維持五十年或一百年的事業，尤其是優勢者逝世之後仍能存在的事業，就必須採行開明管理政策，給予更多的解釋，察覺更多的事實，做更仔細的討論，並共同達成協議，這才是長期訓練優秀經理人和領導人的方法。我假設優良的管理有兩大目標。一是生產力與利潤目標，這時比較需要獨裁式的管理。一是個性發展目標，例如訓練未來可能的經理人和領導者，這時就必須運用討論和參與式的管理模式，放棄直接而獨裁的領導。簡單而言，開明管理只要在環境理想、人們心理健康的情形下才有可能實行。如果我們的社會是和平的、統合的，沒有任何危急發生，我們可以耐心地提升人類心理健康，這時就需要參與式管理。

同樣的情形也發生在其他個性的優勢上，尤其是自我力量（ego strength），也就是對於不安、憂鬱和氣憤有超乎常人的忍受力。如果老闆比他的下屬有較強的自我力量，就會發生上述高智商領導人的情形。這樣的經理人不需要經過解釋和參與，自然就會承擔所有的事情，因為他很清楚自己比其他人更有能力處理某個問題。

我認為有必要以我針對偏執狂領導者所作的研究做為說明，以了解像希特勒、史達林、麥卡錫參議員①、約翰．布區或類似的人物，何以能吸引眾多的追隨者？

有果斷力的人，其中一個原因是他們有果斷力、對自我的確定、絕不猶豫、清楚自己要什麼、知道何者是對、何者是錯的。當一國的人民失去身分的認同，沒有真實的自我，無法分辨對與錯、好與壞，不知道自己要什麼，就比較容易崇拜和追隨那些清楚自己所需的領導人。民主性格的領導人或非獨裁性格的領導人，忍受力較強，較願意承認自己不是全知者，對於教育程度低的人們來說，有果斷力的偏執獨裁者就比較吸引人，他能撫平追隨者心中的不安。在此可參考杜妥夫斯基《卡拉馬助夫兄弟》書中大審判官的話、魏斯曼（David Riesman）②的「他人支配」（other-directed）人格以及弗洛姆的機器人個性。

有果斷力的人，下了決定後會貫徹到底，努力達成目標。因為他知道自己要的是什麼，不要什麼；知道自己喜歡什麼，不喜歡什麼。這樣的人通常比較不會變來變去，也比較能夠預測，可被信任，不易受外界影響；擁有這種個性的人，比較容易被推選為領導者。

我從麥克雷格的著作裡摘錄幾句話，他的說法和譚南邦的有些類似：「想想看如果一個經理人，吸引那些自尊低落的人，他認為自己是少數菁英中的一分子，擁有特別的天賦，而大多數人們的資質都有限。」不過接著我就想反問一個問題，如果他真的擁有一份不尋常的天賦？如果他真的是少數菁英中的一分子？如果他在某方面真的非常出類拔萃呢？麥克雷格並沒有把這些問題做深入的探討。我在這裡必須特別指出，這種超乎尋常的優秀表現絕對可以和Y理論相容。優秀的經理人對一般人的能力和智商有較高的期待。這與麥克雷格的說法並無衝突：

「他覺得大部分的人類都具備成長、發展，承擔責任和獲得成就的能力。他覺得自己的部屬都有天賦的能力，能夠協助他履行自己的職責。他也努力創造一個良好的環境，使部屬能完全發揮他們的才能。他不覺得員工愚笨、懶惰、沒有責任心、不誠實，或喜歡和主管和公司相互對抗。他也了解，有一些員工確實很不合作，不過那只是極少數的人。簡單的說，這個經理人相信Y理論的管理原則。」

不過，即使這些傑出的經理人都同意以上的觀點，還是會發現有一些不尋常的事情突然發生。我想有關於X理論以及Y理論之間的差異，可以從這個角度做更完整的論述。順帶一提，其實這已經不是一項理論，而是一項事實。有實際證據顯示大多數美國人支持Y理論，不願採行X理論。我們幾乎可以把這兩項理論叫做X事實以及Y事實。

我覺得麥克雷格仍然用管理和領導名詞說明Y理論，是非常不恰當的。例如，他談到支配—從屬關係。他也談到權威原則和命令鏈等。很明顯地，這些字眼都不適於描述存在型領導和存在型追隨者，更不適合說明一個完全整合的團隊。我們最好找尋其他更適合的字眼（目前並不存在），描述存在心理學中的權威和領導特質；不要以傳統所認知的某種特定權威情境去定義。

若有一位強勢的領導人，要達到完全開放的溝通是不太可能的事。為了避免領導人過於專權，唯一的方法就是盡量不參與小組討論。毫無疑問地，如果他占有極大的優勢，就會阻礙溝通的進行。如果他希望每個人都能發展、培養個人的能力，就必須了解只有他不在場，他們才能自由地討論，實現自己的想法。這是經理人展現對部屬的愛、尊敬、信任，以及滿意的唯一方法。

當然全然不參與小組討論也不適當，只是客觀的環境使他必須少量參與。就好比一位美麗的母親，能為面貌普通的女兒做的一件事，就是當有男孩子在附近時必須避開，不要讓女兒因為母親的美貌而覺得自卑。有智慧、有創意和有才華的父母，也知道如何不讓自己的小孩覺得不如他們的父母，避免自己的小孩因此而變得被動、無助。完成自我實現的父母對小孩而言，往往是種壓力。因為每個人都認為，優秀的人一定會是優秀的父母，優秀的父母一定會教育出優秀的小孩。但是對小孩而言，擁有優秀的父母不見得是一件好事。不稱職的父母當然會產生某些問題，但是優秀的父母同樣也會有問題，只是問題有所不同罷了。

我在這裡也很想提醒強勢的人，不要刻意製造出討論、詢問意見的假象。如果這位強勢的人從頭到尾就知道答案，卻誤導學員以為是他們自己發現了答案，這樣的結果通常只會產生更深的怨恨。當然，這是關乎人性和存在問題，至今仍未獲得解決。天生占有優勢是不公平的、不應該的，人們可以怨恨和抱怨命運的不公。但是命運本身就是不平等的，有人天生體質就很好，有人的心臟和腎臟先天不良。我至今仍無法找出任何解決辦法，即使是誠實和真相也會造成不小的傷害。

在理想完美的社會中，必須有能力景仰、追隨和選擇最佳的領導人，覺察出真正優秀的人才，而且沒有絲毫的敵意或反抗心態存在。所謂的反抗和敵意在領導情境中有不同的表象，所以我們可以分解成許多不同的變因。例如，其中一種變因是階級反抗。軍隊在這方面就處理得很好，因為軍官多來自上流社會或中產階級的家庭，是有教養的紳士。而士兵多半來自低下階層，不成為紳士，因此彼此的對立和輕蔑等行為是理所當然的。即使在高度流動的社會情況亦是如此。在海軍、空軍、其他大型組織，甚至是全體社會，都有一本像國家的憲法，或如同真正的法律條文一樣地詳盡的法律書。有部分原因是組織中的人口過於龐雜，包括有心理不健全、無能、神經質，瘋狂的、惡毒的、獨裁的和不成熟的人，因此必須制定通盤的規則，不依靠個別法官、船長或將軍的判斷。我在這裡必須強調，學習團體、Y理論經理人和特定美國公民都必須經過特別的挑選。任何有智慧的經理人都不會僱用那些能力不足、個性不良的員工。因此Y理論和開明管理適用於經過人事挑選的環境。

我想，即使在我們這個已經高度發展的工業社會中，上層經理人和下層員工之間的階級差異，也說明了彼此的利益和敵意的不同，此外還包括強勢／弱勢、優勢／劣勢和支配／從屬等變因。例如，妓女對嫖客的敵意、怨恨和輕視等態度，是因為一個人受到另一個人的剝削，或是一個人以為自己被他人剝削。

另外一個因素是主動性格與被動性格，科學家對人類腦波的研究、法瑞斯（M. Fries）對新生兒的研究、心身學者對易患胃潰瘍的性格研究等等均顯示，主動與被動或依賴與接收都是與生俱來的性格，也是日後成為領導者或追隨者的關鍵因素。

要使開明管理與領導順利地運行，主管必須放棄控制屬下的想法，給予他們自由。屬下會因為獲得自由以及自我實現而感到愉快，這就是達到自我實現、心理健康的人格特質。健康的人沒有必要以權力壓迫他人；他們並不會因此而感到快樂，也不希望這樣做，除非環境需要。一個人在走向心理健康的過程中，已消除用權力控制他人的想法，甚至在不知不覺中，從X理論的管理哲學轉移至Y理論管理哲學。

外緣旁觀者

我們很驚訝，竟然有不少的主管詢問我們關於馬斯洛日記的事。我們詢問了很多企業領導者以及一些管理專家，對這本三十七年前所寫的筆記的觀點，其中有一個人的評論讓我們覺得很驚訝。

亞倫・威伯（Allan Webber）是《快速公司》（Fast Company）的創刊編輯，針對他對馬斯洛日記的好奇做了以下的描述：「事實上在美國，所謂的管理原則總是跟著潮流走。在社會科技發展以前，我們已經走了很長的一段路。這是最困難的事，很難把它做對。馬斯洛理念值得提倡、檢驗以及推廣。科技的發展更加凸顯人性發展對企業的重要性。」

世上有兩種人：「外緣旁觀者」（looky loos）和「參與者」。外緣旁觀者這個名詞是由美國拉斯維加斯內華達大學的戴夫・希奇（Dave Hickey）教授所創造出來的。在他的書《藝術和民主》（Essays on Art and Democracy）中，外緣旁觀者就是非參與者，他們沒有真正地在生活——他們對內心的想法沒有任何熱情或奉獻。他們付錢聽音樂，用錢購買藝術，玩弄人們的創作與想法，不過這些都只是表面的。雖然外表上他們參與了這些活動，不過心裡並沒有真正的全心投入，充其量只是一個站在外面的圍觀者而已。參與者憑著自身的價值與信仰，探索不知的世界，度過美好的時光，也碰過糟糕的時候；曾經受歡迎過，也曾經被批評；經歷過繁榮富庶的時期，也經歷過不確定的動盪年代。不論是在藝術或民主政治方面，參與者都獲得了成長。

我們已經解釋「外緣旁觀者」和「參與者」兩種角色。那些擔任「參與者」角色的領導人不是因為他們是真正的信仰者，而是因為這是未來的潮流，是一件大事。他們並非真正了解其中的含意和知識。當我們聽到企業主管重複提到「人力資本」、「智慧資源管理」、

「激發員工潛能」和其他相關的概念時，我們可以確定企業的人性面將是未來重要的管理議題。我們好奇有多少人會是這項潮流的「外緣旁觀者」或是——「參與者」。

其實，要成為「參與者」有許多角色模式，將近五十年以來，班尼斯、杜拉克、麥克雷格、約瑟夫・史坎隆（Joseph Scanlon）、阿吉瑞斯（Chris Argyris）、戴明（W. Edwards Deming）、羅伯・佛斯特（Carl Frost），還有馬斯洛這些傑出的人，都是良好的典範。不管是好的年代還是壞的時代，他們從頭到尾始終堅持自己的信念，不斷地追求真理，不理會旁人的嘲弄，也不管別人說他們天真不實際。這些人可以說是歷史的英雄，總是堅持自己的夢想，並且真正的參與完成心中的目標。

參與的行為需要一股很大的勇氣，堅持人的重要性，不過這並不是一個盲目擁護的價值觀，也不是一項使命宣言或是操控員工的企業符咒。參與的行為可以活化組織，重新組合組織DNA，激發人性的潛能。

在釋放組織或企業的智慧財之後，最根本的結果就是產生所謂的外緣旁觀者和「參與者」。不幸的是，在未來的十年內，外緣旁觀者的角色將導致冷漠、憤世嫉俗的心態，並對我們所希望建立的組織或機構產生不信任感。

對於新的管理理論以及新的管理教條，我的批評是，所有理論架構的重心必須從領導者身上轉移至特定問題或環境的客觀需求上，後者才是決定領導與追隨策略的關鍵因素。我們重視的是事實、知識和技能，而非溝通、民主、人際關係或舒服的感覺。我們對事實必須有更多的認清。強調事實的權威並不會造成分化或對立，對事實的認知、務實的態度才是有效實行開明管理的必要條件；也就是當文化程度夠高、人民心理健康時一切才可行。功能性領導人的才能或能力，以及環境的客觀需求重於一切。領導人必須對真相有所覺察，具備創意性的認知，要能看出新的真相，忠於事實。當事實說「是」但民眾說「不」時，好的領導人必須不顧民眾的敵意，堅守事實。

我不覺得這會是什麼大問題。因為我相信大部分人都會同意我的看法，因為這是大家所渴望的，只是重點和理論架構有所不同。也許我比其他學者專家更強調這一點，因為我很清楚真正優秀的人不僅會受到景仰，同樣的也會遭到他人的怨恨，若經由民主表決，他們不太可能脫穎而出。這就是艾森豪—史蒂文生（Eisenhower-Stevenson）③當年的情形，資質差的人反而比優秀的人更容易出頭。為什麼會這樣呢？我想這主要是內心的反向敵意和怨恨所導致，我們必須了解，優秀的人雖然能夠受到人們的愛戴與崇拜，不過相對的也招來很多人的怨恨與恐懼。

在這裡我也參考吉斯爾（J. W. Gelds）、傑克森（P. W. Jackson）和托羅斯（E. Paul Torrance）針對具有創意的孩童所做的研究。毫無疑問地，有創意的小孩，不只會遭到同年齡的玩伴所排斥，連教導他的老師可能都會覺得他特別聰明、鬼主意特別多、難以駕馭，所以不喜歡他。我們選擇領導人時，不應以受歡迎程度為考量，而必須思考現實的需要，從務實的角度尋找真正適合的領導人，即使他不受大眾歡迎也無所謂。

講到這裡，我也想引用一些德瑞達爾（Drevdahl）的研究結果，他挑選了二十位具創意的心理學家做研究。他們每一個人都曾經有過不快樂的童年，或至少在童年時有過被同年齡小孩排擠的經驗。或許他們都是屬於被社會拒絕的一群，雖然人們非常仰慕並且渴望擁有和他們一樣的傑出天性與能力，但我懷疑他們任何一個人是否曾經受歡迎過。但是他們的優勢是必要的。即使我們不喜歡他們，他們讓我們覺得不舒服，造成情感上的分歧對立，心裡產生衝突矛盾，或使我們懷疑自己存在世界上的價值，我們還是應該學習接受並且肯定他們的價值。我想這就是我在開明管理的文章裡一再強調的，除非我們能夠推崇並且接受這些傑出的領導者，否則就不可能創造出一個良好完美的社會。

① **麥卡錫：** 美國共和黨政治家、檢察官。在第二次大戰中服役後，一九四五年當選參議員，一九五〇年代初他信口指控有二百五十名共產黨員滲透到美國國務院。一九五三年成為權力很大的常設調查小組委員會主席。這種反共的迫害行為當時被稱為「麥卡錫主義」。

② **魏斯曼：** 美國社會學家。根據他的學說，在人口還未急速增長的社會（如中世紀的歐洲和現代的非洲），一般人都是「傳統支配」的人，個人的前途由氏族或是整體社會來決定。當人口開始增長還未達到擁擠的程度時，「自我支配」的人占絕大多數，他們在年幼時就由父母決定了前途，生活目標也不會有太多改變。到了極度工業化社會，人口密集，出現了「他人支配」的人，他們的前途是由年齡、社會等級與他們相近的同輩來決定，他的目標也隨著這些人而改變。

③ **史蒂文生（Adlai Stevenson）：** 美國政治家，一九五二年和一九五六年兩度被提名為總統候選人，但均敗給艾森豪。

25 找尋自我認同

即使已經找到自己的認同感，不過如果能從其他人身上得到一些肯定和回饋，了解自己對他們的影響有多深，以及他們對我們的看法，將會有更大的幫助。

我心中有很多未成形的想法，必須花些時間重新整理。但是有些想法必須在它們消失前就先定案。在我看了佛古森（Charles Ferguson）在《加州管理評論》（California Management Review）所發表的文章後，某些想法就變得更明確。當我開始比較這些具有羅式測驗、投射測驗和非結構性測驗特徵的團體時，我發現非結構式的心理分析和這些團隊有某種關聯。此外也與道家的消極主義和無為思想有關——放任萬物依照自己的方式自由發展。

這也讓我想起羅嘉思所提出的非指導性諮商，我現在可以了解它所造成的結果，以上的相關性使我更了解學習團體。我可以把他們與我所知的理論性知識結合在一起，我想建議在這個領域的人，他們也應該做同樣的事。他們似乎都忽略了一項事實，那就是非結構性的力量已經展現在許多不同的領域中。

現在我有另一個想法：我重新回想魏泰默強調非結構性思考的主張，在薛里夫（Sherif）實驗和艾希實驗中也支持這種主張。這產生了另一個相關。

在《動機與人格》一書中，我比較了心理分析所採行的自由聯想與羅氏測驗中，非結構性墨點所產生的影響。我發現，當世界變得有結構性、有組織、有秩序，人們就會傾向於調整自己去適應這個結構。布蘭迪斯心理研究所採行道教思想與消極主義式教學，我在其中學習到，缺乏結構和消極主義會激發人類深藏的心靈力量，使人們朝向自我實現的目標邁進。但是我也發現，缺乏結構的組織會暴露出個人的弱點——例如缺少才華。簡而言之，非結構性環境對人有好處也有壞處。

我開始了解到，在我們這種教學環境下失敗的人，也許在傳統的研究所會有很好的表現，他們不停地上課，不斷地考試，累積分數，生活在一個有組織、強調權威的環境中。他們等著別人告訴他們要做什麼，不必主動去爭取。之後我才恍然明白，其實對那些失敗者而言，我們研究所的環境也是有益的，因為他們在二十五歲——而非等到四十五歲時就清楚知道自己對心理學沒有那麼大的興趣，也不適合成為一名懷抱熱誠的知識分子。

這類的事似乎也會發生在無組織性的團體之中。如果一直有人告訴你做什麼，生活對你來說也許會變得容易許多，但是你會因此無法發覺自己的弱點，更無法看出自己的優點。在我關於心理治療的文章中，我得出一個結論：如果我們抽離塑造行為的外部因素後，人們的行為將會受到內部心理因素的影響；如果要觀察是哪些內部心理因素，就必須消除外部因素，例如外部結構。這就是羅氏測驗的目的，這也是我在愛羅湖所觀察到的實況。我自己曾寫道：

「這是通往心靈世界和心靈知識的大門。透過對內心的體驗而達成（而不是只靠演說或閱讀），經由他人的回饋，讓我們意識到自己的心靈，協助我們以一種較為有序的方式，體驗內心的變化。這種轉向內心探索，意識內部經驗的過程，只有在非結構環境中才可能實現。」

發現真正的自我

我們舉一個較普通的例子，這種情形經常發生在某些婦女的身上。例如，一位婦女嫁給非常大男人的丈夫。過去四十年，她是一個「好太太」，非常盡責地做每一件事，每天為家事奔波，撫育小孩，照顧丈夫，但突然發生不幸的意外——她丈夫死了或她和丈夫離婚，或者她主動離開丈夫。無論如何，對她自己以及周圍的人來講，這些事情發生得太突然，完全出乎預料之外，而她也完全變成另一個人，展現出意料之外的才華。例如，我認識一個婦女在她五十歲時成為一個優秀的畫家，而她之前並不知道自己擁有這方面的才能，也沒有任何想提筆畫畫的衝動。這就好比一旦你點燃打火機或是靈感被觸動，原來躲在暗處的潛能就會蹦出來。對許多寡婦以及離婚婦女來說，在經歷過去的震驚以及恐懼之後，反而會有一種解脫束縛的輕鬆感覺。發現自己被綁住了多年，不斷地自我放棄、自我犧牲，總是以丈夫、小孩、家庭為優先，完全忽略自己。這是一個非常典型的例子，可以清楚地想像非結構性組織是如何地運作。組織就像個蓋子、抑制器。如果你讓一個人一直不停的工作，他就不會有時間坐下來靜靜思考，隱藏在他內心深處的靈魂和潛能也沒有機會激發出來。

我現在想要講的是，我對這個團體的第一印象，真的是充滿驚訝和震撼。這些人憑著內心的直覺，自由自在地高談闊論。通常在經過一到兩年的治療後，我才能與病患有如此隨意的交談。這對我的衝擊很大，我開始重新思考自己的方法。我必須重新調整自己對團體互動的態度，以及過去認為不斷地交談是無效率的想法。過去我們從心理治療的角度分析，認為性格的改變必須花費兩到三年的時間。但是事實證明，根本不需要這麼長的時間。這是我在想法上的重要轉變。

另一項轉變在於，人際關係與社交團體關係是影響心靈、社會和人際行為的重要因素。一個人必須經由對當下情境的認知，而意識到自己的神經質傾向或是原始歷程（prinary process）①傾向，而非透過對個人基因或成長歷程的探究而得知。過去心理分析師認為個人內心的意念是影響行為的重要因素。但是這些團體的表現讓我們明白，社會上人與人的互動才是影響人際行為，以及自我覺醒的重要因素。

即使已經找到自己的認同感，不過如果能從其他人身上得到一些肯定和回饋，更可以了解自己對他們的影響有多深，以及他們如何看待自己。這有助於我明白自己是一位被動者或支配者、溫柔的或有敵意的人。

這就是我所說的發現真正的自我。總結來說，現行的社會情況對行為的影響較大，個人的心靈相形之下就變得不太重要。至於個人的成長歷程，已在不知不覺中存在於個人的心靈深處，因此也不是重要的影響因素。因為這些團隊學員並沒有探查個人的成長歷程和心靈態度，一樣能有好的結果。

至於心理治療與自我改進和追求自我認同之間的關係，必須重新解釋。最好的方式是，開始的幾個星期以學習團體的形式治療，再進行個人的治療，一段時間後回到學習團體。不論採取何種方式，傳統的佛洛伊德式的心理分析都會受到衝擊。我懷疑，學習團體的某些成效無法經由個人心理治療達成。我們從其他人身上得到的，比我們單從一個人身上所得到的要多，不論這個人是否具有主動性格。

關於自我的認知，有大部分是來自於他人，這些人能夠敏銳地覺察我們的特質，並流暢地表述他們的觀察所得，他們知道如何避免引發他人的敵意，因此在批評與指責的同時並不會激起對方的防衛心態。我們認為所有關於追求自我認同的探討——威爾斯、弗洛姆和卡倫・荷妮等人——都未曾注意到，周遭的人會將他們對我們的印象回饋給我們，使我們更加了解自我。

測試自我的強度

這使我想起了自己曾經建議在愛羅湖的一些人，若要達到最快速的自我治療目的，可以試著用一種古老的業餘治療方式：拍下我們工作時的影像，然後討論這些照片，可以讓我們了解自己真正的面貌——不只是知道我們看起來像什麼、我們的人格或是外在的表象，而是了解真正的自我、自我的認同。這種做法當然存在著危險，就像亨利．沙利文（Harty Stack Sullivan）②一樣，錯誤地認為自我只是一堆可怕的鏡中倒影而已。不過我認為這種錯誤很容易避免，因為擁有穩固自我認同的人，不會對自己產生錯誤的認知或投射。

也許這可以用來測試自我的強度，就像艾希的實驗，眾人都同意一項與事實不符合的陳述，在這種情況下，三個人中通常有二個人不相信自己的眼睛。也許我們可以利用其他的方法，教導個人何時該相信自己的眼睛，何時又該信任他人的判斷。

另一種方式就是所謂的誠實訓練或是自發訓練，也就是天真的認知以及行為的訓練。我還想到另一種說法，就是親密訓練（intimacy training）。我經常發現，當一個人比較不害怕受到傷害時，就會試圖解除防備，卸下偽裝的面具，這樣的行為其實是一種友善與親近的信號，希望對方也能如此回應；對方也會說出以下的話，表示一種友善：「你的秘密並沒有想像中的可怕。」或是說：「你覺得自己是一個很愚笨、很沒趣的人，不過你卻給人一種印象，覺得你很有意思，讓人不禁想要認識你。」

科特．李文③和瓦特．托曼（Walter Toman）提到，美國人比世界上其他任何一個國家的人民更需要心理治療師，因為他們不知道如何與人親近。和歐洲人相比，美國人並沒有親密的朋友關係。因此可以說，他們沒有深交的好朋友能幫忙分擔自己的喜怒哀樂。基本上我同意這個觀點。人們沒有密友可以吐露心事，表達內心的感受，分擔自己的煩惱；心理治療師、學習團體或心理分析的目的，就是要改善這樣的情況。李文在很早以前就進行美國人與歐洲人性格上的研究，我相信還有其他人注意到這一點。

例如說，就其他兩個我所知道的文化，墨西哥人和印第安黑腳族人，我很羨慕存在他們彼此之間的親密友誼。我必須承認，無論什麼時候任何人問我，我的答案都是我沒有真正知心的朋友，雖然這是我一直渴望擁有的。當然，有很多方式和管道可以建立這樣的友誼，我自己本身也有很多的好朋友，也能和他們聊起我的生活情況。不過不管怎樣，卻沒有任何一個朋友可以像我和我的心理治療師那般的親近。這就是為什麼我們必須要花費二十到二十五美元的鐘點費，為的只是希望有人能靜靜地傾聽我們說話，做出適當的回應，讓我們放膽宣洩自己的情緒，隨意地與我們所信任的人交談；這個人不會令我們害怕，不會傷害我們，更不會利用我們的弱點。

如果以整體文化的角度而言，這種自我揭露的原則，試圖誠實、與人親近、表露自我的努力，其實是有正面意義的。沒有了恐懼，心中的恐慌自動消失；當我們不必再隱瞞自己裝有義肢的事實後，在我們表露肢體殘障或未婚的恐懼後，感覺就自由多了。關於心理健全的概念，還包括表達愛的能力以及表達意見的自由，不論是好的或壞的都必須說出。真正開明的人，會自由而誠實地對待他人，尤其是小孩，並坦白地說出內心的想法，例如「這是值得做的好事」或者「這不是你該做事」，又或者「你的行為讓我感到傷心、失望」等。

這又讓我想起布魯德夫（Bruderhof）所主張的原則，他認為基督教對愛的定義，其中之一就是誠實地對待每一個人。他認為不應該對社會有任何的懷疑之心。這也是我從一個牧師，范康（Van Kaam）那裡所學到的。很明顯的，他覺得做為一個牧師，就有一種責任和義務，必須完全坦誠的對待每一個人，即使對方有可能因此受到傷害也是一樣。所以如果覺得有人是一個不好的老師，因為他總是喃喃自語，你就有責任說出對他的看法。如果任他繼續犯錯，就不是真正愛他，如果你真正愛一個人，就必須指正對方，並有足夠的勇氣承擔傷害對方的可能。

當然在美國我們通常都不會這樣做。我們只有在生氣的時候，才會批評人家。一般人對愛的定義，並不包括批評人家或給予對方正確的回應。不過，我想最好要改變這樣的想法。有趣的是，如果人們能夠善意地批評別人、指正別人，愛的感覺會在雙方的心中滋長。也就是說，被你坦誠批判的人，心裡可能會一時覺得受傷害，但是他最後卻因此而受益，對你感激萬分。例如，如果你覺得我夠堅強、有足夠的能力、夠客觀，因此可以坦言無諱的糾正我，這對我而言是一種尊敬。只有那些覺得我很敏感、脆弱、不堪一擊，害怕傷害我的人，才不敢說出事情的真相。我還記得，當我在研究所授課時，曾經因為學生從來不反駁我的意見而覺得很生氣，因為我覺得那是一種侮辱。我最後的結論是，很想問上帝，天啊，這些人是怎麼看待我的呢？他們覺得我沒有能力和度量接受辯論或反對意見嗎？後來我告訴他們心中的想法，情況果然改善了許多，他們變得勇於提出意見和我辯論，我心理覺得好過多了，當然也很感謝他們。

以上關於親密訓練的討論，主要是希望能從另一種角度觀察，使整個理論更完整。若以誠實、多樣的體驗和自由表達的角度去思考問題，得到的結果又會有所不同。每種角度都有它的優點，因此我們必須從各個不同的角度看待事情，再將其整合。

關於開明管理的學習團體，我必須說明一九三八年到一九三九年在布魯克林大學所進行的團體治療實驗。若以社會、哲學、開明原則和改善世界的角度而言，自我揭露和親密關係有助於個人與團隊的成長，更有助於發展良好的兩人關係。我從個人治療的案例中，也發現許多例證，足以證明這種自由必須納入聯合國規定的基本自由權利中。每一個人都有自由、義務或責任對全球同胞表現自己，並誠實而溫和地告訴對方他所給予我們的印象。這樣的行為可以將全球人民緊密地連結在一起，使個人的心理更健康、團隊更健全、規模更龐大，世界更美好。

讓溝通不具結構性

不過，這裡也出現了一些問題：一些我無法解答的問題，可能也沒有任何人可以解答。例如，這些學習團體的學生都是自願付一大筆錢，來到一個很舒適的環境，一起上課進行改造，企圖創造出一個最好的結果。在我的印象中，這些負責訓練的專家和企業領導人都是高級菁英份子。他們的能力都很強，都是具備非凡氣質的優秀人士。如果我們進行的是一個小規模的飛機機長訓練，這是一個非常好的組合。

我還記得當時布魯克林大學有一小群熱心人士，共同開了一堂社會科學概論的課程，內容包括心理學、社會學、人類學等等。上課的學生覺得這是他們上過最有趣的課程。每個學生都很喜歡這個課程，也覺得很快樂，他們就把這堂課變為大一的必修課。很快的，適任的指導老師嚴重缺乏，而這堂課最後也變得毫無價值。理由很簡單，第一班是由四到五個經過挑選的訓練員來授課，他們都是擔任這項工作的最佳人選。但是當學生愈來愈多時，所需要的訓練員也大幅擴增到五十個至六十個，只不過並不是每一個人都適合這個工作。布魯克林大學當然也沒有那麼多的人可以勝任指導老師。所以因為這些不適任、沒有能力的人加入訓練員行列，影響教學品質而摧毀一堂原來很精采的課程。

在這類的團體中，我們需要的領導者必須受過訓練，而且具有某種人格特質。他們必須像慈母般、像父母般，願意幫助人，因為做好事而感到快樂。但並非世上每個人都是如此。對於那些具有強迫性格的人，我們應該怎麼做？對於有精神分裂症的人，我們應該怎麼做？對於這些心理病患，只想要加入該團體卻把事情搞砸的人，我們又應該怎麼做？這個團體和學生本身，屬於社會的高級知識分子。所以對那些只能接受具體思考的大眾而言，我們該如何做？他們無法接受這樣的課程內容，如果再繼續下去，只是在浪費時間，沒有任何好處。但是如果是顧及全美國和美好的未來，而不是為了訓練一群社會菁英中的菁英，也許可以嘗試這樣的實驗。

同樣的，個別的心理治療，對改善整個世界是毫無幫助的，因為沒有足夠數量的心理分析師，而少量的學習團體對整體社會的影響來說，就像是汪洋中的小水滴，產生不了任何作用。但是不管怎樣，我們還是可以把這種技術延伸到其他方面，把其中的原則運用在更多的情境中，例如學校裡的年輕人。若以五歲、六歲、七歲或十八歲的年紀而言，我還沒遇到有年輕人差勁到無法接受這樣的教導。

就我所讀過的一些關於管理以及企業組織方面的書籍，缺點是不夠深入、不夠廣泛、不具整體性。大部分都只是針對特定的工廠、特定的場所或特定的團體所做的研究；這些作者和研究者必須學習以兩億人口和二十個世代的規模去思考；他們必須擴大研究的規模，更具哲學原理，更能接受時間的考驗；他們必須將人們視為單一的物種、種族或是手足結合體，每個人只有些微的差距。

說到這裡又令我想起從前做過的團體治療實驗（每年一個團體，共兩年）每個團體有二十五人參加。我要求每一個人扮演病人的角色，然後向另一個扮演治療師或傾聽者說出自己的想法。所以每個人都必須同時練習扮演兩種不同的角色。也就是說，你是某人的病患同時是另一人的治療師。我訓練兩個團體共五十個人，以最有效率、最快速的方法，教導他們利用羅嘉思的非指導性諮商方法成為一名好的聽眾，我也告訴他們心理分析師應扮演的基本角色，就是隨意地說出心裡的話，無須加以批判或組織。黑腳族印第安人是最好的例證。他們每個人自然而然會與另一人成為「極為相愛的朋友」，他們的關係非常親密，彼此都願意為對方犧牲生命。

我在這裡想要說的是，這些人與人的相互治療關係，主要是基於親密、誠實、自我揭露、覺察自我的原則，並負責任地回應我們對他人的印象。這是極具革命性的概念，將社會全體帶往一個更有利的方向，到時候整個世界的文化將會在十年之內產生巨大的改變。

我一直試著將這些治療團體或是個人發展團體的技巧和目標濃縮成幾個重點。

第一，我想最明顯的是，在非結構性團體中，一個人可以表現最真實的性格，別人看到的是我們內心真正的特質，而非外加的社會角色或刻板印象，如此透過別人的回饋，我們可以認知自己的社會刺激值（social stimulus value）。真正的重點在於，假設我現在處於一個可以完全展現自我的環境，那麼對他人而言，我看起來如何？我如何對他人產生影響？他們在我身上看到什麼？他們共同看出什麼特徵？我如何對不同的人產生不同的影響？

第二，要強調的是羅嘉思所稱的體驗或是開放體驗（openess to experience），或是我所謂的天真的覺察（innocent perception）。也就是說我們必須體驗最深處的心靈，同時學習去體驗他人真實的自我，例如仔細地聆聽、觀察對方，了解他所彈奏的音樂、所說的話和話中意義。這是永不間斷的過程。

第三，誠實而流暢地表達自己；我們不僅要有覺察的能力，還必須毫無顧忌地、沒有阻礙地說出我們所感覺到的、所覺察到的。當然，這樣的論述偏重行為方面的探討，也就是表露誠實的話語與行為。當我與盧本（Lubin）談到這點時，他非常同意我的說法，但他認為團體歷程

（group process）④也是一個重要的因素。不過我認為，就個人發展和個人成長而言，比較不是那麼重要。也許我會在稍後處理團體的問題。但目前我沒有這樣的打算。

另外還有一個未成形的想法，我不太確定它是什麼，不過我應該知道它的大意，但是不清楚其中的細節。其中一件我們必須做的是讓溝通更不具結構性。在我們的社會定義下，好的思考與好的寫作必須是有邏輯的、有組織的、可分析的、可說明的、符合現實的。但事實上，以榮格的理論而言，我們必須更有詩意、更有想像力、更形而上、更原始。在我談論存在的書中附錄裡就已經提到，現今的人們太過強調理性與可述性，尤其是在科學界情況更為嚴重。

組織對創新的傷害

「我們的世界對於好的思考與寫作的定義是，必須有邏輯、結構、可分析的、可說明的、符合現實的。但很明顯的，我們必須更有詩意、更有想像力、更形而上更原始。什麼叫做有智慧的會議？科學的紀錄？或是有組織有架構的型態？所有的這些都反應出一些並不正確的事實真相以及表達方式。」

——馬斯洛

近十年以前，那時我們參加某個高科技研討會。當時上台演講的來賓是一位管理顧問也是作家——湯姆．彼得斯（Tom Peters）。他發表的一些言論令在場的觀眾相當震驚。不過現在來看，卻比十年前更適用於今天的社會。

彼得斯的言論一向與正統思想背離，更帶給我們這輩子都不會忘記的思想。他說：「你們這些人有個問題，幾年前當我看著觀眾席時，我看見了另外一群彼此都不相同的人。現在你們每一個人看起來都差不多，並沒有多大的分別，說著同樣的語言，穿著打扮也很類似，因為你們現在都變成了『專業人士』，獲得某種程度的『成功』。」

他所講的重點和馬斯洛的有些類似。人一旦達到某些成就時，就覺得必須遵照社會原有的架構、組織來規範我們的想法，如此才能顯得自己的專業，更容易控制一切，更像是社會的一分子。在整個過程當中，我們將自己同質化，至於能產生創作力、有趣、幽默、學習以及創新能量的心靈，則就此關上。因為害怕被排斥，我們默默地掩藏自己的才能。

我們並不是要倡導企業拋棄秩序，專業性、架構，或者像游牧民族一樣絲毫沒有定性。我們想要倡導的是，我們在這個過程之中，能忍受失去哪些東西。我們認同馬斯洛在他的日記裡所講的主張。這一位偉大的心理學家、開路先鋒，以及最傑出的思想家，他已感覺到了順應潮流的壓力。

一九六〇年，馬斯洛在一些著名大學發表了好幾場專業的演說。他曾經為了要探索一個問題，花了好幾個星期的時間。他說，整個探索的經驗就是典型的高峰經驗。因為他習慣把心裡所想的寫在紙上，因此就把所有的經驗都寫了出來。他本來想用演講的方式把自己的理論說出來，以代替用紙記錄思想，不過他還是有些猶豫。他說：

「這是一種真正的高峰經驗，就像附著在會飛的翅膀一樣，非常完美的應證出我一直期望的多元化論點。不過，因為它是如此的私密性，如此的非傳統，我發覺自己很難在大庭廣眾之下念出這些東西，這樣很不恰當。這種著作不但不『適合』公開出版，也不適合在會議中發表。但是這樣的想法同時讓我覺得很疑惑，那些創造不合時宜的個人事實與發現又如何？」

在這個「合適」的過程中，我們又失去了什麼？我們永遠都無法知道。如果有人像馬斯洛一樣，那麼的有文學修養、老練，那麼的有知識，卻一樣在這個過程中保持沉默，我們如何才能讓組織擁有創新的能力？

非結構性的溝通

先前我對某一件事有一個模糊的印象，那就是這些學習團體容許非結構性的溝通。每個人可以試著表達自己的想法，其他人也很了解其中的困難，因此你可以使用比較隱喻式的字眼，斷斷斷續續地說出你的感覺，這種溝通方式結合了我在《兩種認知》（Two Kinds of Cognition）論文中提到的次級歷程和原始歷程活動。也許我應該把這個想法加入那篇論文中。在治療的情境中，一個人學習對另一個人表達內心對所有事物的感覺和情感，這時很難用理性而有次序的詞句表達。所以這類團體治療的成員，在表達心中情感的親密關係時，都必須藉由非結構性的溝通來達成，也必須容許採行非結構性的溝通。也許觀察真實存在的非結構性溝通，會是一個很好的研究計畫。例如，我常常會結結巴巴、猶豫不決，不知道要用什麼字眼，然後又推翻先前的話，重新再來一次。就這樣一次又一次，希望能提出最清楚的論述，但是之後又會說：「不，這不是我要說的。讓我再試一次。」

我會建議團體中的學生進行這項研究，因為我懷疑自己還有多少時間和機會。我會把非結構性溝通納入學習團體的目標清單中。正式一點的說，學習團體的目標之一是接受較不具結構性的溝通或是非結構性的溝通，尊重它、珍視它，並教導人們使用它。我還會更仔細地思考這個問題。如果《存在》論文中的附錄值得單獨成為一篇論文出版，而且對大多數人有益的話，我會把這個目標加上，或是請別人代勞把這個想法做更深入的分析。也許我應該把它視為另一個認知心靈現實（psychic realities）的方法。

事實上，學習團體的作用即在於讓人學習面對心靈的現實，長久以來我們的文化一直否定、壓抑或抑制這樣的行為。我們強調具體的事物，重視物理學家、化學家和工程師，我們只認同由人們的手指和雙手實驗所得的知識和科學，例如物理學家、化學家和生物學家，我們完全放棄內心生活的微妙。我現在所要探討的正是關於心靈方面的知識。我們的現實世界強調實質的結果，這使得人們傾向於壓抑和完全控制心靈生活。

這也難怪在許多個人或團體治療的過程中，常常會引發不可思議的情緒力量和學習效果，因為這是我們完全不熟悉的領域。我們彷彿在學習一門新的科學知識，看到全新的事實和自然界的另一面。我們開始意識到自己的內心衝動、原始歷程、形而上的思考、行為的自發性，並覺察到夢、幻想與希望的運作邏輯完全不同於一般的事物。之所以會造成這樣的情形，是因為學習團體中的學員大多數是最沒有心靈生活的人，如工程師、經理人、生意人、總裁等，他們自認為很堅強、理性、務實和實際，對心靈現實完全無知。他們都是一些「事物人」（thing people），所以會發生讓人意想不到的事情。就好比一個滴酒不沾的人，第一次聞到酒精就醉了。

這些團體的另一個目標，就是佛古森主張的概念化。對許多學員而言，都經歷了一次全新概念化的過程。首先，就是關於人類生活的事實，例如重新認知個人的差異。但更重要的是，許多概念在經由瓦解而再建的過程之後，不僅含納了真實世界的事物，還包括心靈世界的感性、恐懼、希望和期望。因此全新的理論與態度即將形成。我之所以會強調這一點，是因為每個人對自我（the self）、重要的他人（significant others）、社會群集（social groupings）、自然及物質現實（nature and physical reality），以及對某些人而言屬超自然的力量（supernatural forces）

等所表現出的態度，也就是我所謂的「基本性格態度」（basic character attitudes）反映了個人內部的性格結構。任何一種態度的轉變，代表性格的轉變，也就是個人內心最深處的改變。我認為某些學員的某些基本性格態度是以一種極為激烈的方式改變。當然這種改變相當重要，因此我認為將它納入訓練者的意識目標比較恰當。

在這些團體中沒有任何的價值判斷。他們認知到感覺是確實存在的，他們也開始學習，將感覺提升至意識層面並勇敢地表達出來，不做任何的價值判斷。例如，有一個人談到自己反猶太主義的感覺，當然他很誠實地表露自己的內心感覺，也希望大家能幫助他。他的團體對這件事的處理方式非常成熟，他們不去爭論對與錯，而是接受這項事實，完全沒有任何的道德批判。如果他們以道德的觀點來處理，彼此就會陷入攻擊與防衛的對立關係；而這位學員的反猶太主義的態度將更強化。

在同樣的團體裡，當領導者要求學員說出更多關於個人偏見的例證時，並沒有任何贊同或判斷的意味。某個人可以說出某種心態確實存在，而他也引以為恥。然後他們圍成一圈，有一部分人可能猶豫不決、吞吞吐吐，因為這是他們第一次表達個人對女性、黑人、猶太人、宗教人士或非宗教人士的偏見。而每個學員也都不帶任何價值判斷地接受事實，就好比心理分析師會接受治療者的話，了解他所說的事確實存在。

我想起一位教授，他是我一個心理分析師朋友的病患，長久以來他一直苦苦壓抑對女童性侵犯的衝動。雖然他從未真正行動過且以後也不會——他正逐漸克服這種衝動，但是這股衝動確實存在著，就像其他令人不悅的事物，如蚊子和癌症。如果我們認為癌症患者是邪惡的，因此將他們拒於門外，與他們劃清界線，就真的對癌症束手無策。一個好的態度，或是每個人對於任何正在改變心靈現實的人應有的態度是，不論喜歡與否、贊同與否，即使這件事是不好的，你都必須接受它存在的事實。

愛與正義很難同時擁有

現在我必須說明一點，以擴大我對愛的定義。先前我已說明愛是沒有價值判斷的。愛與正義、判斷、評價、報酬、懲罰不同，而團體中的學員會在不知不覺中學習到，不對任何事採取價值判斷，其實就是一種愛的表現。學員透過這樣的訓練，學習去愛，去感受愛。當然，在我自己的治療經驗中，我也發現，當我愈了解一個人，而且此人愈願意放下身段告訴我他的罪孽和劣行時，我反而因此更喜歡他。這些學習團體的情形也是一樣。他們無意間將自己惡行全盤托出，卻讓我更喜歡他們，因為這個團體沒有任何的價值批判和懲罰。至於只有接受沒有拒絕、喜歡吹毛求疵、有強烈道德主義、不認同他人、希望改變對方、重新塑造對方，這都不是愛的表現。這也是造成婚姻不幸和離婚的主要原因。你可以說，只有當兩人互相接受對方本有的自己並因此感到快樂，不會覺得受到干擾或激怒時，才能成為一對真正相愛的情侶。

其實，以上所說的，與我接下來要討論的特定學員有關，這群人包括老闆與領導人。在此我們必須區分兩種職能角色：一是判斷、懲罰、訓練、擔任糾察或稽核員的角色；一是治療、協助和關愛的角色。我曾說過，我們校園中的治療師最好不要兼任老師的角色，因為後者必須給分，表示認可或不認可。例如在芝加哥大學，是由一個主考官委員會做評分的工作。這樣一來，學生與老師的關係會更親密，老師只是單純地擔任支持者的角色，不必同時兼任支持者與反對者的角色。同樣的道理，學習團體的訓練員也是只擔任支持者的角色。他們不給予成績、獎賞或懲罰。他們完全不作任何的價值判斷。

同樣的情形也發生在印第安黑腳族身上。如果小孩或晚輩犯錯的話，通常決定懲罰規則的人是部落裡的長者，而不是自己家裡的父母。當負責懲罰的人出現時，父母親就變成了維護者，他們站在小孩這一邊，他們是小孩的擁護者和最要好的朋友，而不是要對他們執行懲罰的劊子手或懲罰者。因此黑腳族家庭父母親與小孩之間的關係，往往比一般的美國家庭親密許多。一般美國家庭的父親通常都扮演雙重角色；愛的給予者以及懲罰者。我想這點可以加入治療團體的目標清單中。

當初譚南邦拜訪非線性系統公司時，我也曾經和他討論過這個議題。我們都同意這是一個非常好的論點。我想會把這個觀念運用到企業老闆的身上，他們有權力僱請員工或解僱員工；給予員工升職或加薪等。我想說的是，擔任裁判者和死刑執行者角色的人，不可能對於非裁判者或是沒有支配權力的人，給予同等的關愛與信任。

針對這一點，我會再做進一步的說明，因為這是很重要的理念，也是我對現代管理政策過於樂觀的傾向所提出的重要批評。許多學者認為，好的管理政策和參與式管理，可以使得老闆與員工結合成為一個快樂的大家庭，或是變成稱兄道弟的好朋友。我懷疑這真的有必要？我確定在這種環境下，友誼與信任有一定的限度。事實上，身為老闆、裁判或是負責人事僱用的人，不應該與他所要懲罰的人太過親近或友善。如果懲罰是重要的、必要的，而且是經常性的，那麼彼此間的友誼會使懲罰的工作更加困難，不論是裁判的一方或是接受處罰的一方均是如此。受到處罰的人如果被他認為是朋友的人降級，就覺得自己被出賣。而如果一個人與某個朋友的感情很好，難保不會力薦他的朋友角逐總裁的位置。

另一方面，如果老闆必須開除他的朋友，這對他來說也很不好過。事情會變得非常複雜，心理的罪惡感不斷加深，這也是造成胃潰瘍的主因。我認為，執法者最好保持超然立場，與被執法者保持一定的距離，就好比軍隊裡的長官和士兵，不能建立太親密的關係。就我了解，世界上有太多人努力促使軍隊走向民主化，不過卻從來沒有成功過，因為總是要有人指定某一個士兵犧牲生命。這不能以民主方式來決定，因為沒有人想死。指揮官必須不帶個人感情地選擇必須犧牲生命的人。所以做為一個將軍最好保持孤立以及超然的立場，不要和部屬太親近，不要和任何一個士兵變成朋友，因為你可能隨時要他們去送死或是接受處罰。同樣的情形也可以運用在醫生身上，尤其是外科醫生常會拒絕替自己的朋友進行手術，或是心理醫生也會拒絕診治自己的朋友或親戚。

這是一種很微妙的感覺，人們無法同時愛一個人，又能公正無私地審判。對同一人擁有愛與正義是很困難的事，卻是存在我們周圍一項無法避免的事實。我們總是很難以超然的立場，同時處理對同一個人的愛以及懲罰。我知道這觀點與我所看過的管理政策完全相反。權力就是權力，它有可能支配我的生死，對於一個操控我生死大權的人，我無法像對待一個與我沒有權力關係的人採取同等的態度。

當我們討論這個問題的時候，安德魯．凱依提出一個很好的觀點，他認為坦誠的概念其實被混淆了。他認為開放心胸有兩種意義，我想了一想，並且完全同意他的看法，認為那是一個非常有效的區分方式。以老闆和參與式管理的角度而言，開放心胸表示願意接受任何建議、事實、反應或資訊，不論令人愉快與否。毫無疑問地，在此方面他必須開放心胸，他必須知道發生什麼事。

不過，若是指坦誠以對、毫無顧忌地表露自己的想法，對於法官、警察、老闆、船長和將軍來說，就完全沒有必要。在特定情況下，領導者有責任隱藏自己內心的恐懼。如果坐在一艘正在汪洋中航行的船上，船長不斷地公開說出他的恐懼、焦慮和不確定，可以肯定的是，我下次再也不會搭這艘船。我希望船長能承擔所有的責任，寧願相信他有能力勝任這份工作。我不願接受他是一位容易犯錯、看錯指南針的船長，這會讓我感到惶惶不安。對醫生的態度也是一樣，我不希望他在為我做健康檢查時，大聲說出他的想法，當他在檢查我是否患有結核病、癌症或心臟病時，我寧願他將自己的疑慮藏在心中。

對於軍隊裡的將軍或是家裡的父母親也是一樣。做為一個父親及丈夫，如果他總是告訴他的太太和小孩自己的害怕、懷疑、不安和缺點，就失去穩定全家的功能。事實上，丈夫或父親的另一項角色功能就是「自信來源者」（confidence-bringer），他是家中的領導者，必須承擔一切的責任讓家人得以倚靠。對於那些認為必須對妻子、小孩和朋友坦誠的人，我的建議是，他必須負起領導的責任，不要說出自己的困擾，他必須有足夠的能力去承擔一切。

同樣的，企業的老闆或管理者一定也會遇到一些緊急狀況，應該盡量在員工面前保持鎮定，自行承受所有的恐懼、懷疑或沮喪。不要在公司裡面，在整體員工的面前讓情緒決堤。

別忽略隱私的需求

在我早期的教學生涯中，我非常喜愛我的學生，和他們非常親近，也希望成為他們真正的朋友。後來我漸漸了解到，只有在不牽涉成績的情況下，我才能對他們永遠保持微笑與友誼。我可以愛一位心理學成績不佳的學生，但是他們不了解這一點，也無法接受。當我與學生成了好朋友，如果我給的成績不好，他們就覺得是我背叛了他們，認為我是個偽君子。當然不是所有的學生都這樣認為，心理較健全的人就不會如此想。漸漸地，我放棄了這樣的做法，尤其是面對學生數目眾多的大班級，我都會保持距離，與學生維持一種英國式的關係，不再像以前一般地推心置腹。唯一親近的時候，就是當我特地為某些學生準備資料，向他們解說，並事先警告他們會有不及格的危險時。

我對心理分析團體和個別治療之間的關係有一個想法，很多人認為：有關團體治療與個別治療之間的爭論是毫無意義的。原因之一是，兩者的目的不同，治療的對象也不同。因此重點在於，我們必須先釐清是什麼樣的問題、在什麼樣的情況下、有什麼樣的人、有什麼樣的目標，再決定要採行團體治療或個別治療，或是二者兼用。

另外一種比較普遍性的結論就是，這些學習團體可以促進成長和人格發展，這是一種心理內化的過程（心理治療是讓有心理疾病的人變得正常，心理內化是讓正常人變得更好）。這和耕田是一樣的道理，一個好的農夫把種子撒出去，培育一個良好的成長環境，然後就放任這些種子自由成長，只有在它們真正需要幫忙的時候才提供協助。他不會常常拔出剛剛發芽的種子，檢視它是否正常成長；也不會去扭轉它原來的形狀，或拔出來再種回去。他只是把這些種子留在土壤裡任其自由成長，只提供最少的幫助（只有在必要的時候才會出手幫助）。毫無疑問地，愛羅湖的團體具備良好的成長環境。他們擁有好的訓練員、好的領導者，不會強行訓練、塑造學員，只是單純的提供一個良好的學習環境，給他們一些成長的種子或激發原來隱藏在內心的種子，任其自由的成長，而不給予太多的干擾。

從我最近閱讀的書籍裡以及從愛羅湖的訓練團體得到的啟示，至少產生了半打以上的疑問，我發覺許多專家學者都忽略了隱私的需求。當然，這些訓練團體的目的就是要學員拋開隱私。他們採行的自發式訓練，就是教導學員依照自己的意願選擇自我隱瞞或自我揭露。他們大多認為隱私權是一種恐懼、強制、無能和限制等等。事實上，在我針對自我實現的人們所進行的研究顯示，當人的心理愈健康，就愈需要非強制性的隱私：他們比較沒有神經質的隱私問題，也不會保有不必要的秘密，需要刻意隱瞞自己的創傷，戴著一副面具生活。

我的這些想法是受到我太太貝塔的刺激。她是一個特別注重隱私的人。要她在二十個人的團體面前，說出自己的隱私，就會感到不寒而慄。這並非是神經質的隱私，她只對自己的知心好友說出心中的想法。許多人需要正常的隱私，他們會自我選擇傾吐的對象，因此像愛羅湖的團體就不適合他們。這對他們而言非常不自然，就算強迫他們參加，也不會有多大用處。在這種集體公開表白的過程中，這些人仍是保持防衛的心態。

重點是，我們必須區分健康的、有必要的隱私和神經質的、強制的、無可控制的隱私。我們必須努力解除神經質隱私；這些都是無用的顧忌，相當愚蠢、非理性、沒必要而且不切實際，他們忘記健康隱私的必要。我們也忘了個人之間的差異。依據我個人的經驗，可以將人分成不同的等級，從易於自我揭露到需要健康隱私。

我甚至可以大膽的說，瓦解神經質隱私是達到健康隱私的先決條件，也才能真正享受隱私以及獨處的樂趣——一些神經質的人，甚至大部分的平凡人就辦不到這一點。神經質隱私的瓦解是邁向健康的一個必經過程，這裡所謂的健康包括對隱私的需求、享受隱私，以及保有隱私的能力。

這種情形和我們前面所講的，企業領導者不能在員工面前盡情表達情緒有一些關聯，在某些情況下他最好保有隱私。當將軍決定要執行一項特殊任務時，最好不要到處宣揚心中的不確定和懷疑、不停地扭動手指顯示他的恐懼，因為這樣的行為會擊潰全隊的士氣。我想所謂的健康隱私也包括這樣的情形，當客觀環境需要時就必須保有某些的隱私。

學習信任

這與另一個問題有關，我曾在某個團體討論的課程中談到防衛態度的必要性。當初我要說的是神經質防衛與健康防衛的不同。我們必須記住，神經質防衛是不健康的，因為它是不可控制的、強迫性的、非理性的、愚蠢的、不被接受的。我們有許多控制衝動的力量，防衛就是其中之一。當然我們現在已意識到，在現今的文化中許多的失序狀況是因為缺乏控制——但是佛洛伊德當年卻未曾意識到這一點。常常有人開玩笑說某人必須克制。但是我並不認為這是玩笑話，我認為人們不可以、不應該，也不願意在任何時候、任何地點表達心中的衝動。我們必須有所節制：不僅是現實環境需要，也是個人發展、存續和價值的需要。事實上，人類生活中也有許多存在性衝突。許多問題無法獲得解決，許多時候為了放棄某些事物，而必須放棄其他事物。這就是衝突所在，當我們朝向某一目標前進時，往往必須放棄某件事物，甚至對此感到哀傷，努力抑制自己的情緒。

通常一個決定就代表對一件事物的承諾，對另一件事物的排斥。我們不可能在兩件事物之間來回做選擇。例如，一夫一妻制就意味著最後的決定以及永遠的承諾，因此必要的、健康的控制和防衛是不可或缺的。「防衛」一詞已被人們過度醜化。在這裡，「防衛」意指「因應機制」（coping mechanism）⑤。社會哲學家一再地強調，佛洛伊德所處的一九一〇年代與我們非常不同。我們也可以這麼說，他們承受過多的壓抑，部分是因為佛洛伊德，使得這些不必要的壓抑遭到瓦解。現在我們需要的是控制衝動和必要的壓抑，我想到一個例子：曾有一位婦女當她想到什麼，也不管別人還在說話，就開始說了起來，因此遭受團體學員的猛烈攻擊。他們說：「請自我控制一下，閉上你的嘴，我們也要發表自己的看法。當沒有人說話的時候再說，別打斷他人的話。」這就是必要防衛或因應機制的例證。

以前我常常在想，所謂的學習團體或是其他感受訓練、人際關係、領導團體等，都只是假借團體治療的名義。但現在我改變了想法，除了上述的原因外，還有其他的原因。第一，「治療」一詞過於屈就，代表人在心理上的疾病。但就我的觀察，大多數的學員就心理治療的層面而言不算有病，只是就正常的情況而言有些許的偏差，但他們都是普通而正常的公民。因此他們需要的並非是個人式心理治療，而是個人發展、自我實現的訓練。

此外，我也逐漸明白一件事。那就是如果你使用心理治療這個字眼，可能會引起很多人的厭惡，即使他們確實需要接受心理治療。例如，這些假名與同義詞對那些執迷型、倔強型、事物思考型的人，以及不信任心理學的人來說，比較容易接受。雖然我認為有比「訓練」更適合的名詞，但是我還是保留一些名詞（不指涉治療疾病）。「訓練員」（trainer）這個名詞也有一點屈就的意味，好像我是一位健康完美的神明，降貴尊紆地幫助你這位不健康、不幸的可憐蟲，類似這樣的說法都應該避免。如果我們強調存在型心理治療師可能會好一點，他們與學員有著同袍之情，身處於同一條船上相互幫忙，就像哥哥幫助弟弟，一切都源自於愛。所有的團體應該放棄舊有的醫療行為模式，改以一種權威的心態，將健康的人視為病患一般地對待。

治療團體的另一個目標是「學習信任」，去除一切的防護和防衛心態，尤其是反向攻擊和反向敵意，更要放棄以自己為目標的偏執狂心態——請參考羅拉．赫思雷（Laura Huxley）的《你不是目標》（You Are Not the Target）。這與學習表達和自發是不同的。這也是關於現實主義和客觀性的訓練，因為它是植基於當今現實，而非兒童時期的現實。兒童現實在現今來說已經不切實際而且是錯誤的，這與佛洛伊德強調脫離過去的意義是相同的。因此更好的說法是「學習信任」——當此信任符合現實情況時；或是「學習不信任」——當此信任不符合現實情況時。

另外一個實用的目標是學習隱忍感情。團體的領導者（我拒絕稱他作訓練員，因為那聽起來好像是在訓練熊、狗等動物一樣的刺耳）必須保持鎮定，他必須忍受他人的敵意，或是當有人傷心落淚時，他也必須無動於衷。學習團體的學員了解到，其他人並非如一般人所想的那樣容易受到傷害。許多學習團體的報告指出，如果一個人受到批評（客觀地批評）或是有人在哭，又或是有人激怒了別人，就會有另一個人出來解救他。但是長期而言，大家必須藉由簡單的經驗，知道人不會因為受到批評而崩潰，他們所能忍受的批評比一般人所想的要多得多，只要這批評是真實的、友善的。也許另一個目標就是學習辨識個人客觀而友善的批評與攻擊之間的差異。我在少數的團體訓練中，有看到這樣的差別。

我們也應該學習容忍缺乏組織、模稜兩可，無計畫、沒有未來的情況，這些都是重要的心理建設和發展過程。對於個人發展而言是必要的，這也是培養創造力的先決條件。

我想有必要強調學習團體的選擇性，尤其是在位於山頂的愛羅湖或是其他孤立的文化。在這樣的團體裡面，沒有真正的混蛋、沒有真正的毒蛇猛獸，也沒有真正惡名昭彰的壞人。普遍來講，他們都是高尚的人，或是他們至少都努力成為高尚的人。

當然，有人會因為這些特定團體的成效，以為在所有的情況下均能實行，其實不然。比較好的說法是，這些位於山頂的學習團體之所以有成效，是因為環境的允許。如果現在面對的是獨裁性格的人、偏執狂或是不成熟的人，學習團體的成效就令人質疑。這是很實際的情況，因為這些訓練員或領導者都是特別經過篩選的。我的印象是，團體裡的每個人都是高尚的人——這裡的人的平均水平當然也比一般大眾要高。這又牽涉到挑選的問題。世上沒有足夠優秀的人能組成上百個或上千個學習團體，因此這些團體是在良好的環境條件下，只能進行有限的實驗，試圖找出共通的原則和教條。

這種情形在我問一位愛羅湖學員某些問題時，顯得更加的真實。我問他：「魔鬼在哪裡？」「精神病理學在哪裡？」「現實證明存在的佛洛伊德式消極和悲觀在哪裡？」我感覺他們太傾向於羅嘉思式的樂觀主義，認為在任何情況下所有人都是好的，所有好的治療對所有人都是有效的。但情況並非如此。在良好的環境下，許多人都能自我成長，但不是全部。我對於領導者也有同樣的質疑。長期而言，我們不能自我選擇領導者或治療師，但是在許多著作中卻沒提到針對潛在領導者所設計的個人治療。

我覺得接受感受訓練的人，應該以更開放的態度討論心中的敵意——必須更明確、更仔細。例如，在我與他們共處的短短幾天裡，看到他們不斷地練習公開表達自己的敵意。這是我們社會的一大問題：相較於一八九〇年到一九九〇年，佛洛伊德時代對性的壓抑，現今心理分析師面對的是敵意的壓抑；壓抑的程度不下於當年的性壓抑。社會愈來愈害怕衝突、不同意、敵意、反抗和對立的發生。我們不斷強調要與他人和平共處，即使你很不喜歡這個人也是一樣。然而在這些學習團體中，他們不但學習接受他人的敵意，成為他人攻擊的目標，但不會因此而崩潰。

我看到某些美國人超越一般禮教的束縛，願意接受好友負面而善意的批評，也不覺得自己遭受攻擊，反而將對方的行為視為情感的表達、協助的意願。我們社會上大多數人做不到這一點——認為批評是對人的攻擊。但是在愛羅湖團體裡，他們努力教導學員分辨何者是出於關愛、友誼和助人的衝動而提出的批評，何者是出於敵意或攻擊的批評。

團體中的學員經過學習後，變得更為堅強、更有適應力，能承受更多的痛苦。不容置疑的，這些人比較有勇氣向別人說不，批評別人，否定別人的意見，不會假想會有不良的後果。

現在所有的這些問題，對男人特別重要。如果男子氣概是我們社會的焦點議題；如果美國男人不夠強硬、不夠積極、不夠果斷的話，那麼這些團體的訓練對建立男子氣概亦有所幫助。在我們社會，有許多男人喜歡安撫、討好別人，極力避免任何的衝突、反抗，試著平息爭端、手腕靈活、不斷妥協、不製造爭端、不搗亂，當大多數人反對時就輕易地投降，絕不堅持自己的意見。這種性格的男性被佛洛伊德稱為遭閹割的男人，他們像一隻寵物狗，努力地搖尾乞憐，討好主人，必要時也不會做出反擊。

如果能仔細研究佛洛伊德關於攻擊、毀滅和死之願望的論述，就能對這個問題有更清楚的理解。我並不是說要完全接受佛洛伊德的主張，而是藉此對人的心靈有更深入的體驗。

還有另外一個觀點也和此點有關，也是我常常想到的，那就是支配——從屬關係。我曾經在猴子和猩猩的身上觀察到，依據支配層級所訂定的覓食次序。但是團體動力學者對這方面所知不多。我建議他們應該多參考猴子的行為模式。我感覺他們都過於強調民主教條，以為人人生而平等，對於實質占有優勢的人、天生的領導者、具支配力的人、特別聰明或特別果斷的人，他們覺得很難接受，因為這違反民主原則（事實上並不相互衝突）。在我讀過的著作裡，並沒有任何關於這個問題的參考資料，而在整個佛洛伊德心理學說裡也找不到任何的參考資料。

專訪麥克．墨菲

大部分知道麥克．墨菲（Michael Murphy）的人，不只是因為他是伊色冷研究所（The Esalen Institute）的創辦人，也因為他是好幾本暢銷書的作者，包括《王國中的高爾夫》（Golf in the Kingdom）、《濕婆王國》（The kingdom of Shivas）、《軀體的未來》（The Future of the Body），以及《我們被賜予的生活》（The Life We Are Given）。就像馬斯洛一樣，麥克．墨菲花了大半輩子的時間在探索自我，以及檢驗人們如何發展自我的能力。在冥想一詞還沒開始流行以前，墨菲早已鑽研多年，他還研究身心健康的關聯。他的多數著作已成為學界的主流。而我們和這位美國偶像的訪談內容，則非常貼近他的想法，馬斯洛形容墨菲是「我不曾真正擁有過的兒子。」

馬斯洛和墨菲的相遇，可以用榮格所謂的「同步性」（synchronicity，譯注，意義相關但沒有聯繫關係的巧合之事）概念來解釋。有一天，馬斯洛和他的太太貝塔從美國南加州的會議返家，在往北加州行駛的路上，他們想要尋找一家可以夜宿的旅館。就在一個小城大棱（Big Sur）外，他們發現了一處可以落腳的地方，於是就決定把車停下來。在辦理入房登記手續的時候，旅館人員要求馬斯洛在表格上簽名。櫃臺職員在看過馬斯洛的簽名之後問說：「你是馬斯洛？」該職員覺得非常的興奮，就去呼叫墨菲的合夥人布萊斯（Richard Price），他就是伊色冷研究所的創辦人。

在他們尋找過夜旅館的過程中，馬斯洛和貝塔都沒料想到，他們正走進一個孕育作家、演說家、哲學家，以及治療師的溫床，這些人都對人本心理學有極大的興趣。在一九六〇年代，伊色冷出資主辦了幾場由史基納（B. F. Skinner）⑥，馬斯洛、羅嘉思，以及其他幾位專家學者所主持的會議。當時參與的觀眾從升斗小民到眾所皆知的大名人，包括哈里森（George Harrison）⑦、貝茲（Joan Baez）⑧、迪倫（Bob Dylan）⑨以及金斯堡（Allen Ginsberg）⑩。當時的媒體記者湯姆森（Hunter S. Thompson）只有二十二歲，負責場地的布置，其他參與這些盛會的人就如他們所說的，都是名留青史的知名人士。

馬斯洛和墨菲認識以後，就一直維持很親密的朋友關係，一直到馬斯洛過世。我們在墨菲位於加州的家中採訪他。談談他對馬斯洛的印象以及他的著作。雖然我們討論的話題範圍很廣，充滿了矛盾及諷刺，但這也是馬斯洛所喜歡的，我們覺得墨菲擁有很寶貴的東西，可以對美國企業人士有所啟發。

就像馬斯洛一樣，墨菲拒絕扮演大師的角色，不過他還是成了人性潛能改革的大師。在充滿混亂的一九六〇年代，馬斯洛成為文化偶像，但是許多知道他的人仍認為他過於保守。墨菲當時則是主掌伊色冷的領導者，這裡也是許多反文化思想的發源地。不過，在所謂的「夏日之愛」（Summer of Love）改革運動期間，墨菲一直是一個非常率直的傢伙。就像他描述自己，「第一，我很早就對迷幻藥非常過敏。第二，我實在太喜歡純羊毛衫了。第三，我對這些所謂的先進科技並不是很有興趣，我對一些嘗試過的東西總是抱持懷疑的態度。我是那種足不出戶的評論家。」這些話對任何一位企業家來說，都是值得記取的金玉良言。

問：我們都知道大家對馬斯洛筆記有高度的興趣你是怎麼看待這樣的情形？

答：其實，每個人都在摸索一些東西。我們有因瑞格蘭（Enreagram）、貝瑞斯（Meyers Briggs）實驗，有不同的領導模式，因為大家都需要一個架構、一個指引，以及領導。人們對馬斯洛的東西感到非常有興趣，那是因為他具備了非常深層的思想。他不僅是一個研究者、心理學家、理論家，也是一位哲學家。他討厭所謂的萬靈丹。馬斯洛關於自我實現的理論，有一部分即在說明自我實現的人厭惡被人貼上標籤；他討厭這一類的事情。在他寫這些東西的時候，從未特意去想什麼樣的領導模式或寫作題材會在市場大賣。他只是單純的想做好學習以及研究的角色。他幾乎研究了關於人類行為以及人與人之間互動關係的所有相關題材。他在一九四〇年代針對人性性別所提出的主張，以及他和哈羅（Harty Harlow）的共同研究，一直到他對自我實現以及動機論的研究，都值得我們學習。

問題是人性自然面是如此的人性。我們擁有自我超越的能力，如果把某人限定在某一類型中，就是限制他的能力。限定自己、同事或團隊成員的角色扮演，就是低估了人類的創造力。當我們還是小孩時，往往受限於原有的家庭角色。其實，我們有很大的潛力能夠完成自我實現的目標，只是人們常常不自覺的漠視這種能力。

問：就你所知道的馬斯洛，你想他會怎麼看待今天的組織趨勢？

答：他可能會厭惡一些現在企業盛行的管理萬能靈丹和工具，或者所謂的改革運動。當一個企業管理大師來到一家公司時，他可能會受到很多人所崇拜。我們這樣說好了，假設你是一個普通的員工，你希望有所進步，所以你就必須接受各式各樣的訓練，被要求做這個做那個。你必須全心投入。《讚美每一天》（Cults of Everyday Life）這本書，以實例證明了其中的破壞力量。
不過無論如何，還是有其創意的一面。例如，如果公司充滿景仰的氛圍，並成為企業文化的一部分，就可以激發員工的創造力，並藉此形成一個共享的目的。這點相當重要。

①**原始歷程（primary process）**：人格結構中屬於本我層面的內在本能性活動，即為原始歷程。本我層面的活動是潛意識的，是受惟樂主義支配的。在本我之上則是自我層面，自我層面的活動稱為次級歷程。

②**亨利．沙利文**：美國精神病學家，他提出一種以人際關係為基礎的精神病學理論。他相信焦慮以及其他精神病狀源出於個人與其周圍環境間的基本衝突。他將精神分裂解釋成幼兒期人際關係出現障礙的結果，通過適當的心理治療，這些行為障礙的根源可以被認識和消除。

③**科特·李文**：德國社會心理學家，以行為場學說著名。他主張人的行為應視為一個連續統一體的一部分，每個人的行為與常模有不等的偏離，而每個人對自己與對環境的認知之間有所差距。為了充分認識和預知人的行為，因此必須考慮人在活動時的整體心理場或「生活空間」。生活空間中所有事件的整體，在任何時候都決定著行為。

④**團體歷程**：經由團體活動以達成預定目標的歷程。

⑤**因應機制（coping mechanism）**：又名因應行為，指個體在追求目標時，能面對環境限制所表現出的積極性適應行為，因應機制的目的在於減低焦慮、解決困難，而非逃避現實。

⑥**史基納（Burtthus Frederick Skinner）**：操作制約學習理論的創始人，他重視純理論的探討，只強調心理學的研究只限於可觀察測量的行為，而個體行為的成長與變化，可經由環境的設計與外在的控制（也就是操作制約）塑造，因此被稱為強硬派決定論（hard determinism）。

⑦**哈里森**：英國管風琴設計家和製造家，最著名的作品有：紐約市的神聖河濱教會聖約翰教堂的管風琴、波士頓基督教母堂和第一基督教堂的管風琴。

⑧**貝茲**：美國民歌手和政治活動家，六〇年代積極參加反政府運動。

⑨**迪倫**：美國歌手與作曲家，其歌曲以嶄新的文學歌詞在流行樂壇中獨樹一格。

⑩**金斯堡（Allen Ginsberg）**：美國詩人，詩作《嚎叫》充滿狂熱和預言，描寫同性戀、吸毒、佛教等，表達了他對美國社會在第二次世界大戰後追求物質和麻木不仁現象的憎惡。

26 創造力從何而來

創作力與面對缺乏組織的情況、面對未來、預測和控制能力，以及忍受模糊和無計畫的能力有關。

我們可以從學習團體的經驗中學到，具有創造力的人可以從容地面對缺乏組織、預測和控制的局面，並能接受模糊和無計畫的狀態。

現時的創意主要在於忘記未來、專注於當下的能力，也就是將全部心力放在當下的環境和事物。這種放棄未來、組織，放棄控制與預測，是一種優閒和享受的生活態度。另一種說法是，這是一種沒有動機、沒有目的、沒有目標、沒有未來的生活態度。為了能專心傾聽，使自己完全沉浸於現在、活在當下，就必須拋卻對未來的想像，隨意地遊走和享受生活，放鬆心情遊玩。

自我實現也可以是神祕、毫無結果、模糊和缺乏組織的狀態。這與戈德．斯坦所謂的「腦部受損」或是「強迫性精神官能症」（obsessional neurotics）不同。這些人對控制、預測、組織、法律和秩序、議程、分類、排練和計畫等，有極為強烈的需求。我們也可以說，這些人其實對未來有著莫名的恐懼感，不相信自己對於緊急狀況或意外事件的應變能力。換句話說，他們對自己缺乏信心，害怕自己無力處理意料之外、計畫之外、不可控制或預測的事件。我想我所寫的〈創作力的情感阻礙〉（Emotional Blocks to Creafivlb）一文中，有提到相關的例子。

這些都是安全機制、恐懼和焦慮機制所形成的結果。他們所表現出來的就是缺乏勇氣，對未來缺乏信心，也對自己缺乏信心。除非他有一定程度的勇氣，對自我、理想環境和未來有合理的信心，才能夠泰然地面對無法預期、不知和無組織的情況，並有絕對的信心相信自己有應變的能力。我舉些例子說明：通常在聊天時，聽者無法專心聆聽他人的話，心裡一直在擔心接下來要說些什麼。這就顯示出，他們不相信在毫無準備和計畫的情形下，自己能隨機應變，發表適當的談話。

還有一個真實的例子。如果你觀察小嬰兒以及幼童所表現出來的行為，就會發現他們對自己的父親或母親的態度是一種完全的信任。我們會看到小孩跳到父親手臂上的畫面，在他臉上看不到一點點害怕的表情，因為他完全信任自己的父親。同樣的，小孩子在跳進游泳池的時候，也總是面無懼色。

這種安全科學（safety science）與自我實現科學或成長科學形成一種對比。我們可以與戈德·斯坦的腦部受損病患以及強迫性精神官能症相互比較。與戈德·斯坦類似的則是史基納的主張，他一再強調預測、控制、法規和組織的重要性。我們可以在他的著作中，計算創意、隨機應變、自發、感情表露等字眼的出現頻率。而在羅嘉思的著作中，也同樣計算以上名詞出現的頻率。這個簡單的實驗對任何的研究生來說，都非常的容易。經過兩相比較之後，就更能凸顯出我所強調的重點，也就是以上的字眼其實具有某種程度的心理治療意義（當然，他們也可能是健康的。因此我們有必要區別對預測的強迫性需求，以及對預測、控制、法規和秩序等的正常需求）。

對一位不熟悉心理學的人來說，解釋強迫性需求與健康需求的不同是有必要的。不可否認的，強迫性需求是不可控制、不可改變、強制性、非理性的，與環境的好壞無關。他們的滿足只能帶來短暫的安心，並不能帶來真正的快樂；但是稍有挫折，就會立刻引起緊張、不安、敵意和憤怒的情緒。此外，他們是處於自我相斥（ego-dystonic，本我的欲念或衝動不被自我接納）的心理狀態，與自我相容的心理狀態相反。也就是說，他們感覺與自我疏離，有某種東西控制了他們的自我，他們不具有自發的內在衝動。精神官能症的人常有這樣的感覺：「某種東西控制了我。」或是「我不知道什麼東西控制了我。」又或是「我無法控制自己。」

我們可以將上述的討論內容應用在企業管理的情況。當然，對於比較需要組織的人來說，一定會引發對無秩序和混亂的質疑。除了理性的解釋外，我們更需要了解這些人可能的強迫性格、非理性和深層的情緒。有效的方式有時候不在於提出邏輯性的論述，而必須從心理分析的角度看待整件事情。你可以直接說明，他們的質疑是源自於對白紙黑字的法規和原則的強烈需求，也是一種控制未來的需求。然而後者在現實中是不可能實現的，因為就某種程度而言，未來是不可測的，我們不可能制定一套法規規定所有未來可能發生的事情。

也許有人會問：「為什麼我們不能信任自己的應變能力？為什麼我們要事先準備？我們真的無法應付意外事件嗎？為何我們不相信自己在意外情況下的判斷能力？為什麼不等到我們累積足夠的經驗後，再依據真實情況中的真實經驗，訂定必要的規則？」只有這樣才能訂定最少量的規則，而非大量無用的規則。不過，有時你必須做一些讓步，就像我以前一樣，如果你所待的企業，像一支軍隊以及海軍那麼龐大，就真的有必要制定一套規則。

專訪麥克．雷依

「創造力的成因為何？我們所能做的最重要的一件事是什麼？我們必須為創造力開一門三學分的課程嗎？我很希望有人馬上問：『創造力到底隱身何處？還是我們必須安裝電極，以隨時開啟創意？』」

「我有一個很強烈的印象：現在有很多企業總是費盡千辛萬苦的想尋找一道快速開啟的秘密按鈕，只想要簡單的把它打開或關上就好了。我的感覺是，創作力的觀念愈來愈接近健康的、自我實現的，以及完全人性的個人概念，最後可能會合併為同一件事。」

——馬斯洛

一九五〇年代早期，馬斯洛因為在創作力方面的研究成果，開始獲得世人的認同以及讚賞。在他的《動機和個性》一書中，馬斯洛指出了心理學對創造力的運作過程連表面的理解都還不及。今日，創作力以及創新力，已是企業最重要的競爭優勢。我們找到了其中一位在創作力議題有相當研究並為人所景仰的學者，請他談談他對馬斯洛學說的看法。

麥可・雷依（Michael Ray）是美國史丹佛大學商學研究所的教授，也是一家管理顧問公司透視合作關係（Insight Out Collaborations）的創辦人。雷依是一位社會心理學家，在廣告以及行銷管理領域有豐富的經驗，他同時也是全球企業學院（World Business Academy）的成員。

過去二十年以來，雷依在史丹福大學商業研究所的課程，一直廣受學生的熱烈歡迎，課程名稱為「企業內的個人創作力」（Personal Creativity in Business）。他曾經指導過數千名的學生，透過長期的實際演練，使他們在職場中完全發揮自己的創造力。而這個課程也邀請許多著名的客座教授演講，他們都是美國頂尖企業的領導人，包括了施瓦布（Charles Schwab；嘉信理財），菲耐特（Philip Knight；耐吉公司），麥肯納（Regis McKenna；麥肯納公司），史托克戴德（Admiral James Stockdale），還有其他優秀的領導者。

在幾年以前，雷依決定運用長期累積的教學內容和方法，自行創辦一家企業。他和幾位合夥人創立了透視合作關係顧問公司，協助企業和員工重新攫取人們與生俱來的創造力。雷依和合夥人同聲表示，當創作力的泉源乾涸，個人的工作表現就會大打折扣，公司將無法正常地運作。如果能達到發揮創作力潛能的目的（它潛藏在每個人的心裡），企業的營運就可以獲得大幅的改善。

我們在他們位於加州曼羅公園的總公司，訪談了麥克以及他的合夥人傑克，談談有關馬斯洛的學說，以及麥克自己在創作力這方面的研究。

問：雷依博士，你在商學院的課程一直以來都受到熱烈的歡迎，這二十年的時間應該可以說是創造了空前的歷史紀錄！為什麼學生對你的課會產生這麼大的興趣及回響？

麥克：這個課程所談的內容，也就是馬斯洛在他日記裡所寫的。我們稱它為創作力，這是生活裡最重要的東西，來這裡上課的學生也都了解這一點。我們邀請了二百位的演講者，上台說出自己在創作力方面的故事和親身體驗。大約有十五到二十位的演講者之前也曾經上過這堂課，現在他們在商場上都有非凡的成就。他們回到學校向學生演講，和學生共同分享自己的經驗。其中有一位演講者還特別說，這不是一堂和商業有關的課程，也和創作力無關。他說，這是和你自己生活有關的課程。我們嘗試幫助學生以及企業管理者，回答兩個非常重要的問題：我是誰以及我一生的工作是什麼。我們本著馬斯洛的精神，幫助人們找到自己的「高峰經驗」，也就是發現真正適合他們的工作。這份工作讓你完全沉浸其中。即使大地震來襲，天花板掉下來也不自知。

問：不過，馬斯洛曾經說過，創作力並非由外形成或置入的，人們唯一能做的，就是去釋放自己內心深處的創作力潛能，你同意他的說法嗎？

麥克：絕對同意。我們的創作力以及創新能力，都是與生俱來的，它潛藏在每個人的心裡底層。當我們觀察小孩時，就會看出自己在成長過程中所失去的東西。小孩是天真無邪，完全誠實的，他們想像力豐富，非常的有創造力。如果我們能將所有因為社會壓力而失去的創作力重拾回來的話，就可以對社會做出很大的貢獻。

幾年前，在哈佛大學有一項研究課程，測試幼童以及年幼的小孩在智商、空間性，視覺性、社會性以及情感智商的發展。研究者最後發現，大部分的小孩到四歲的時候，就已經到達天才的標準了。反而在四歲以後，經過各式各樣的發展過程以及外在環境的影響，在這方面的分數反而變得愈來愈低。

我之所以會談到這個案例，主要是說明小孩在四歲以後，就會逐漸受到父母親以及社會的影響，努力表現出別人喜歡的樣子，在不知不覺中就掩蓋了原本擁有的創造力。我們總是不斷接收來自父母親或外界的訊息，告誡我們不可以做這個，不可以做那個。即使是大家公認最好最開明的父母親，也都會傳達出這樣的訊息。最後，當我們到達三十五歲或四十歲時，原來的創作力已完全喪失殆盡。其實，很多時候你所聽到的，並非你內心真正的聲音，但是它卻告訴你該怎麼做，因此對你的創造力造成直接的殺傷力。我們必須想辦法改變這種情況，試著觀察這個阻止你做某些事的聲音一天出現幾次。我們希望能幫助人們擴展自己的生活，去發掘隱藏在強調組織以及秩序之外的世界。

傑克：在我們目前的社會中到處充滿著壓力，快速的工作步調，人與人的不信任。過著創造力的生活確實是一大挑戰。馬斯洛說，創作力源自於模糊、不確定、一閃即過、不可預測。他認為正是這些特質使得創造力具流動性，這些特質正是我們必須面對的，他的真正意思是什麼？

麥克：馬斯洛說的是一種真正的自我信任。相信自己擁有創作力就是一種自我信任。雖然看不見，但確實存在。它是質化的。在我們目前的科學領域中，我們只相信肉眼能看得見、可測量的東西。不過，我們現在所講的東西，卻是看不見也無法測量。創造力不只是提出想法、解決問題，或是製造另一個創新的產品。發揮創造力的過程包括了樂趣、智慧、信念、同情心以及直觀。你必須相信自己擁有源源不絕的創作能力。

傑克：我們必須幫助每個人能夠輕鬆面對模糊與無組織的環境。這些特性正是激勵我們擁有高績效表現並維持生活的原動力。我們一直在探討組織內的組織急流（organizational whitewater）。事實上，我們每個人都身在急流中，我們還一直活在完全掌控的假象裡，事實上我們掌控不了任何事。

麥克：這是對秩序以及預測需求最直接的攻擊。我們必須脫離秩序以及組織的桎梏，以釋放出隱藏在內心的創造潛能。

問：你如何協助學生以及企業領導人，重新獲得他們的創作能力以及創新能力？

麥克：這裡沒有所謂的七大步驟或九大步驟等速成方法。我們首先引進一個概念：放任生活（live with）。我們要求所有的主管人員給自己一星期的時間，不要有任何的期望，拋棄任何的控制機制、不設定任何計畫。我們也建議他們自然地說出：「我不知道。」這種作法可以協助他們學習信任自己的創造天賦。創造力是個人特有的天賦，所以我們必須利用多種不同的方法激發創造力，包括沉思、武術、繪畫、音樂、歌唱和寫作。我們努力讓他們與自身具創造力的部分重新產生連結。我們所教導的，不予評斷的概念，對企業主管產生了極大的影響。當他們察覺過去一直存在的判斷聲音時，感到相當沮喪。當我們消除內在評斷的聲音後，不論是個人或團隊就有無限的成就可能。不評斷讓你更能接收創新的想法。你應該從平常不會想到的地方開始收集資訊。

問：你可以給我們一些例子，證明人們採取這些步驟時產生什麼變化嗎？

麥克：曾經有一個大型的消費產品企業，選出一百八十位員工來這裡上課。該公司一位副總裁跟我們說，其中有一個員工，非常文靜，工作上也沒什麼突出的表現，自尊感非常低落。上完這個課程以後，這位員工決定要加入該公司的某個部門，他負責開發一項特殊的產品，最後這項產品的開發獲得空前的成就，並且在同類市場中獨占鰲頭。這是一項不容否認的事實。我們能幫助他釋放出內心的創造潛能。

另外，有一位管理者正等待有關當局核可一項特殊商品的生產，但是政府單位卻回覆說，這項申請將比一般的正常程序還需要延遲兩年才會被核准。他說，如果在以前他可能會無奈地接受政府的決定。不過，這一次他決定運用在這裡學到的東西，嘗試釋放自己的創作能力，結果政府在半年內就核准了產品的製造。

另外，有一個企業領導者遭遇一件標籤問題，他和工作夥伴也在這裡學到必須相信自己的創作能力。後來，不但解決了標籤問題，並且還為此項解決過程申請專利。

還有，一群從事研究及開發的團體，在開始工作以前，總是要花一個小時的時間去做事前準備，後來他們運用學來的創作力技巧，結果把準備的時間從原來的一小時縮短為一分鐘，每一年幫公司節省將近三十萬美元的費用。

傑克：這種創作力的過程，也改變人與人之間的互動關係。他們會自然地形成自主性的團體，有如一個小型社區。團體歡迎不同的想法，每個人都可以進行有禮地爭辯，彼此相互信任。藉由重拾內在創造力的過程，我們找到全新的合作模式，使團體有著前所未有的驚人表現。

麥克：我們在工作中，看到了馬斯洛所主張的一項理論。當人們展現創作力時，可以敏銳地覺察出任何的可能性。但是當創作力的泉源消失時，就會回到控制機制的運作模式，無法看出多種的可能性。

傑克：閱讀馬斯洛的著作，對我來講是一件很有趣的事，他告訴我們如何生活在當下。我們所使用的方法，均是在協助人們專注於現在。為何我們總是在虛度光陰，完全不在意周遭正在發生的事情？我們必須教導人們學習如何專注於當下。

麥克：馬斯洛同時也提到恐懼的感覺。我們針對這個話題設計了很多課程。我們提出一個「客觀智慧的聲音」（voice of objective intelligence）的概念。我們透過這個聲音觀察世界，理解世界。我們探討人們心裡深層的恐懼，希望每個人都有機會以匿名的方式與其他主管討論自己的恐懼。之後發生的事令人覺得不可思議。人們開始看出個人恐懼的相似性，他們的恐懼讓彼此更為親近。當主管了解自己的恐懼是如此地深時，就會開始懷疑組織內的恐懼會有多深？這份恐懼會如何阻礙我們的創造力？

另一項假設是，任何一種強烈的情緒（恐懼、氣憤、傷害和悲傷）都有其共通的源頭。這個源頭也是喜悅、快樂等情緒的來源。如同馬斯洛所說，我們相信任何的性格弱點都有美好的一面。當我們揭露其中的源頭之後，就能找出那美好的一面。在創造的過程中，最具突破性的時刻就是活在當下。當你看到一件很美麗的事物，而且深深為其吸引時，彷彿全世界都停止運轉，而你內心的某樣東西受到觸動，像是一道微弱的閃光，讓你認清自己和本有的創造力。

傑克：我們非常鼓勵人們養成寫日記的習慣，把在這裡學到的、發生的一切都紀錄下來，這是練習集中注意力的一種方式，非常重要，尤其對於像我這種A型人格的主管來說，因為我們不習慣思考，在高科技產業的情形更為嚴重。我們必須隨著市場的變動快速前進。你有一群優秀的人才，能快速地因應市場的變化，但卻沒有時間靜下心來思考。他們從未停下來，仔細思考自己在做什麼。他們知道遊戲的內容、遊戲的規則，也參與其中。但他們卻不願花時間思考：「有另一種不同的玩法嗎？」或是：「我還想繼續玩嗎？」

麥克：我們必須下定決心協助人們過著有創造力的生活。一切從個人開始做起。因為個人更能夠貢獻特殊的才能，促使企業製造創新的產品，降低生產時間，做出更有效率的計畫，進一步改善決策過程。

27 誰是創意人

如果人們對他的未來充滿恐懼，也不相信他們自己有應變的能力。這就是缺乏自信，一種害怕自己沒有辦法面對任何偶發意外，也沒有辦法處理任何無法事先預知的事情。

機械式以及獨裁管理存在許多的問題，傳統認為員工是可替換的、對於計畫未來和相同性有強迫性需求。這些想法也引發許多問題，因此在民主式管理的領域中，有必要對創造力的心理動力有更深入的研究。

在此有必要強調接受不精準的能力。有創造力的人很有彈性，他可以隨著環境的改變而改變，他可以放棄計畫，持續而有彈性地順應變動的環境，了解不同問題的不同需求。

就理論的觀點來看，他可以面對變動的未來。也就是說，他不需要一個固定或不可改變的未來。他不會受到突發事件所威脅（跟強迫性格和個性嚴肅的人形成對比）。對於有創造力、有應變能力的人而言，計畫不再是一個有啟示性的輔助工具，可以完全擱在一邊，也不會因此感到後悔或不安。當計畫有所變化時，他也不會感到惱怒。相反地，他反而對這種改變的情況產生更大的興趣，付出更多的心力。自我實現的人會被神祕、新奇、浮動等狀態所吸引，並能處之泰然。事實上正是這些狀態，使生活變得多采多姿。這些自我實現的人，有著豐富的創造力、有靈活的應變能力，他們對於一致、計畫、固定等狀態，反而會感到厭倦。

當然，我們也可以從另外一個角度來看，個性成熟或堅強的人，能全心專注於當下，讓自己完全沉浸於現在的情境中，仔細地聆聽與觀察。我們也可以這麼說，他們拋卻過去與未來，不使自己遠離當下的情境。當他們遇到問題時，不會從過去的解決方法中，找出適合當下情況的解決方法。他也不會利用這次的問題情境，為未來做準備、排練即將要說的話、規畫可能的攻擊或反攻擊行動。相反地，他完全著眼於當下，有足夠的勇氣與自信，當新問題來臨時亦能平靜地面對，相信自己有能力應付。這就是健康的自尊與自信，免於不安與恐懼的情緒。換句話說，他們對世界、現實或環境的評價，使他們信任這世界，不認為它是危險而強勢的。他知道自己有能力應付，而不會感到害怕，它看起來一點也不恐怖。擁有自尊代表個人視自己為初始的行動者，對自己的命運負有責任，是自我命運的決定者。

28 對企業的建言

我們必須計算創業機會以及企業家數目的多寡，區分好而進步的社會與退步的社會。

現今企業的功能未完全發揮，價值也被過份低估。這些企業家——經理人、整合者、組織者和規畫者——自己低估了本身的價值，以為自己是剝削者，不是真正在工作的人，沒有任何的貢獻。因此，他們對自己所獲得的報酬容易有罪惡感。會有這樣的想法，一部分的原因是他們以為工作就必須流汗、付出勞力。另一部分原因可能是誤解了發明的本質。

說到發明，我們都以為是靈光乍現的結果，就像是長久的黑暗突然有了光亮，長期的無知變得有知。它代表一個全新的發現，這項發現未曾存在過。但是這樣的想法其實是大錯特錯，因為任何一項發明，即使是小說創作，都有它的歷史軌跡。它是分工合作的結果：發明的產生可能是因為過去已知的零碎、未成形的知識，突然間達成某種程度的整合。這種瞬間的靈感是完形思考的成果，而非無中生有。

如果真是如此，那麼發明與行政設計的區別就變得毫無意義。行政設計或管理上的發明，例如溫徹斯特軍火公司（Winchester Arms Company）或亨利・福特的生產線，將人視為可替換的工作零件，亦是將零碎的知識連接起來的結果，其中每一項知識都能為任何人所用，但是在全新的組合中，它的重要性或影響力將會提升許多。

如果我們願意的話，可以將社會性發明與技術性發明分開，但事實上用處不大。發現一種可以改善妻子與丈夫之間溝通情形的方法，就意義上而言也算是一種發明。此外，企業家計畫或願景——也就是認知未實現的需求，以及看出對企業家和個人有益的發展方向，這些行為都可以算是一種發明。

重點是，我們必須計算創業機會以及企業家數目的多寡，區分好而進步的社會與退步的社會。我想，每個人應該都會同意，最有可能導致社會退化的一百個人，不是一百位化學家、政治家、教授或工程師，而是一百位企業家。在此情況下，企業家自我低估的罪惡感就可稍為減輕。他會明白自己相當的重要，而且具有關鍵性的地位。

我自己的看法是，這種需求不只與金錢的報酬有關，其實還有其他的報酬形式。企業家也許能獲得大筆的金錢報酬，但是收入的大幅落差也會為他們自己帶來麻煩。就理論上而言，企業家、組織者或領導者，可以獲得金錢以外的其他報酬。在一個高度統合的社會，例如黑腳族印第安人，領導者的報酬包括獲得眾人的尊敬，他走到哪裡都會受到族人熱情的招待以及問候，儘管這些領導者常常身無分文，但這項制度已行之有年。這就是偉大富人的部分特質——完全的慷慨。一個人財富的多寡端視於他能賺得多少並給予多少。例如，爵士封號在英國就是一個極尊貴的獎賞。我想也許有一天，我們給予一位偉大領導者或發明者的獎賞，就如同天主教般地簡單。授予一件灰色長袍的獎賞，所具有的心理報酬力量與一筆鉅額獎金是相同的，也許更多，端視於社會對報酬的想法。如果一個人受到大眾的仰慕、尊敬、喜愛、認同、讚賞與歡迎，就完全不需要金錢的報酬。

如果我表明這項原則適用於各種社會，各種生態體系，包括資本主義、社會主義、共產主義或法西斯主義，那麼我的論點就非常清楚，不會遭到任何的扭曲。所有擔任推動者和協調者角色的人，在任何的社會型態中，都有其必要性與價值存在（即使這會與保持現狀、不改變的需求相互衝突）。當然還有其他相關的因素，如社會的綜效程度、剝削程度、階級化程度等。

工程的人性面

「什麼是教導人們成為工程師的正確方法？很明顯的，我們應該讓他們成為富有創造力的人，至少能夠從容應付新奇的事物，隨機應變；如果可能的話（因為這樣最好），甚至能夠享受新奇與改變的狀態。教育不再是唯一的的學習過程，更重要的是性格訓練或個人訓練的過程，而且這種情形會愈來愈普遍。因為我們所談論的是一種人、一種人生觀、一種性格，因此有創意的產品、科技的創新和符合美學的產品與創新，已不再重要。我們必須著重於更有創造力的工作流程、態度和個人，而非產品本身。」

——馬斯洛

美國史丹福大學工程系教授湯姆．柯斯尼克（Tom Kosnik），成功地教育無數位頂尖的領導人。他的學生從這所優秀的大學畢業以後，都成了各大企業裡非常優秀的領導者。他們是浮在冰淇淋頂層的奶油，社會的菁英分子。柯斯尼克不只傳授工程的概念，同時也教導他們做為一個領導者應該具備的人格特質。柯斯尼克似乎從馬斯洛的著作中，更加了解到學生的個人特質、性格以及內心的人生觀，和技術方面的訓練是一樣重要的。

花了一些時間和柯斯尼克博士相處以後，很快就了解到，現今各大企業和工程學校花費數十年的時間，追求技術、數字、科學和統計上的完美結果。不過，柯斯尼克卻意識到這些未來傑出的領導者，他們需要的不單只是工程技術，更重要的是了解企業的人性面。因為他知道人性層面的重要性超過技術方面的學習。整合、核心價值、不變的樂觀態度，以及對社會的貢獻等議題，都在柯斯尼克的課程中占有很大的分量。他就像一位交響樂團的指揮，完美地將兩者結合在一起。

柯斯尼克的理論和學說，對企業界和工程學校來說仍是非常的陌生。因為大部分的學校很少提到這方面的議題。不過，情況即將有所改變。最近有一家聲譽卓著、規模龐大的商業學校說：「企業總是想盡辦法留住好員工。他們都了解，所謂公司就是聚集一群人工作，這是未來的新趨勢。所以我們將有關商場中的人性層面納入我們的課程裡。」另外一所商業學校的行政主管也提出類似的評論，他說：「我想在十年之內，經理人以及企業領導者都會明白，員工才是公司真正的資產，針對此點我們有必要修正課程的內容。」

也許我們可以從柯斯尼克那裡學到重要的概念，因為他藉由揭露組織中的人性面，幫助學生發現經濟、會計、行銷以及工程之外的豐富世界。他提供我們一次難得的機會，在課堂上讓學生讀馬斯洛的著作。我們和他共同講課，並與學生相互討論。但我們卻犯了一個錯誤，原本希望能藉此教導這些學生，想不到，他們卻替我們做了這份工作。以下就是這些學生告訴我們的：

「雖然金錢很重要，但是我寧願到一家明白馬斯洛觀點的企業工作，我要在一家能讓我覺得與眾不同的企業裡工作。」

「我父親大半輩子都在一家大型企業做事，雖然他擁有很大的權力以及成就，不過我覺得他並不快樂。我想是他的工作環境啃蝕了他的靈魂，我不允許那種情形發生在自己身上。」

「我了解有關領導、價值以及管理員工等議題，將是我邁向成功的關鍵因素。不過，我們並沒有真正花時間探討這些議題，以前我總以為自己已具備這些技巧，或是很容易就能學到這些技巧，但現在我認為這種想法是不對的。」

「這是我們讀過最好的著作之一。我覺得很興奮，我非常喜歡讀馬斯洛的著作。我想這就是生活。有時候我想，我們都花費了太多時間在一些過程和程序上面，反而忘記享受工作的樂趣。」

「我是一家大企業的員工，當我在讀馬斯洛的著作時，就在想『為什麼我們不能擁有一家如他所描述的企業？』事實上，我們是一家相當健全的公司，是最好的企業之一。不過我想，如果能將馬斯洛的理論付諸實行，我們的公司會變得更好。」

「我只是想告訴你，馬斯洛的書和你的演講給我們很深的感動，我非常喜歡關於領導的話題。」

「我希望有更多的企業總裁和領導者，能夠聽到我們今天的討論。也許能讓這些人的生活得更好。」

「謝謝你讓我有機會思考。這些都是意義非常深遠的問題。」

29 重新定義經濟

其實應該將這些無形的高層需求納入資產負債表中，但是沒有人這麼做。不過，這卻是非常真實也是非常有必要的。為什麼一個明智的人，願意繼續待在一個毫無意義的工作，而不轉換到另一個更有意義，更有價值的工作？

要重新定義「利潤」（profit）的觀念，就應該重新定義「成本」（cost）的觀念，也必須重新定義「價格」（price）的觀念。也許我可以從另一個完全不同的角度來完成這項新的定義，我們可以從古典經濟學理論開始。就我以前所讀過的一些書籍，古典經濟學理論完全建立於低層的基本需求（不考慮高層需求或超越需求）。此外，古典經濟理論假設所有事物都可以相互代換。也就是說，所有物件、品質和特質的計算，都可以轉換成金錢的運算，因此可以納入資產負債表中。

這種觀點如今看來，毫無道理可言。因為我們現在終於了解，人們還具有更高層次的需求──在更為富裕和自發的社會，這些需求顯得更為重要。證據之一是，金錢在現今的社會中，已不再是一項重要的動機。有許多人不會因為更高的薪資而跳槽，除非薪資的差距極大。另一種說法是，因為每個人已經擁有足夠的金錢，基本需求也能獲得滿足。相對而言，金錢就變得沒那麼重要。當各種勞力的報酬愈來愈高時，就愈有可能以少量的工作，賺取生活所需。要想成為無業遊民的人，如今就更容易了。在現今的社會，謀生更為容易——對於現今大多數人來說，謀生代表過著有車子、房子、花園的生活。

如果真是這樣，似乎大家也都這麼認為，除非另一個工作能滿足更高層次的需求，否則一個人不會輕易地換工作。此外，許多人會顧慮到非金錢因素的考量。例如，我曾經向安德魯．凱依提過，當有任何人提供一份新工作時，我總是會把一些無形的東西換算成金錢上的價值，例如必須放棄好朋友、美麗的居住環境；放棄原來的同事關係或是對原有環境的熟悉；或是覺得要搬到另外一個城市很麻煩；又或是重新適應新的環境很麻煩等等。

我曾經問自己，如果放棄與知心朋友的友誼會損失多少錢？在我的生活經驗中，很不容易在短時間發展另一段親密的友誼。一個最好的朋友應該每年值一千美元、五百美元、還是五千美元呢？無論如何，這種朋友關係價值不菲，因此有必要考慮進去。假設一個親密朋友每一年值一千美元好了（這是一個平均數），那麼這個新工作的報酬就必須隨著提高，不論是二千、三千或四千美元，和原來預估的不同。我可能真的會失去一些無形的價值或金錢上的實質價值。如果我把這些無形的、更高層的需求都算進去的話，換工作的結果反而會造成無形價值或金錢上的損失。過去沒有人把這些無形價值算進合約或資產負債表裡，但是對明智的人來說，卻是非常重要的。

同樣的，在工業社會也是一樣的情形。為何一位優秀的人才寧願待在原來的工作崗位？會不會是他喜歡現在住的房子，有一個很好相處的老闆、同事，有一位細心的秘書或負責任、很愛乾淨的清潔工，還是他所居住的城市很美麗。對任何一個明智的人來說，所有有關氣候好壞、地理環境以及小孩的教育問題，都是人們考慮的重點。

人們對賦稅的傳統理解，就好比被強盜強行課徵，或是被流氓以武力威脅任意課徵。芝加哥不良少年集團向民眾強行收取的「保護費」（protection money），就很接近「稅」原來的意思。這個字至今仍保有部分的隱含意義，也就是一群獨裁貪心的人要求人民付錢，自己卻不回饋任何東西，只因為他們擁有武力或權力要求人民繳稅，而這些無辜的納稅人還必須面帶微笑地付錢。

不過，如果在一個良好、理想而健全的環境下，稅的意義就完全不同。它是獲得服務的必要支出，至於金額多寡則是大眾共同協調的成果。否則以長期來看的話，一個永續經營的健全企業就必須自行支付龐大的費用，自行取得各項服務。這筆支出將對公司造成沉重的負擔，包括日常用水、治安的維持、醫療服務、消防服務，以及其他的公共服務等。事實上，納稅是一件不錯的交易，對任何一家長期經營的企業來講，可將其視為必要的支出。不容否認的，這筆龐大的稅捐收入，將會用在學校和教育開銷上。對企業而言，可以將它視為社區培育各項高技能工作者和經理人的一種準備。如果社區無法教導人民閱讀、寫作或體育，企業就必須自行承擔教育的工作。如果沒有健全的教育體系，企業就必須自行建立一套教育體係，然而這筆花費會相當驚人。

以上所說的就在開明管理政策下，人們愈高度發展，對企業的長期發展就愈有利。不過，在X理論的管理原則之下，情況恰恰相反。因為獨裁管理建立於無知以及恐懼之上，而非開明、自發與勇氣之上。

我們很快就會以較嚴謹的理論架構，處理高層需求經濟與超越需求經濟的問題。我不清楚舊有經濟理論和執行方案還需要做多大的修正，但目前有幾點必須先行做修正。其中之一是：在富裕而良好的社會，擁有心理健康的人民，最低層的生物需求很容易獲得滿足；只需要極少的金錢，就能吃得好、睡得好、住得好。當我們提升至更高層次的需求時，我們花更少的錢滿足這些需求。也可以這麼說，當我們達到最高層次的需求時，一切都是免費的，或是幾乎免費。另一方面，更高層次的需求包括歸屬感、愛、友誼、情感、受到尊敬、建立自尊等，這些都不屬於貨幣經濟，也就是說只要發展健全，連最貧窮的家庭也能得到這些需求的滿足。

較高層次的需求，就是開明管理所要追求的目標。我們可以將開明管理定義為，以非金錢的方式努力滿足工作場所中的高層需求，也就是讓工作場所本身能給予高層需求的滿足——而非給予金錢，利用金錢從外購買高層需求的滿足。我們可以探究得更深入，以清楚分別X理論與Y理論的不同；X理論的動機論只包含低層需求，而Y理論的動機論比較多元、更具科學性，也更貼近事實，因為它包含了人類的高層需求，並將其視為工作場所或經濟環境中重要的影響因素。獨裁式經濟或X理論經濟和管理政策假設，人們沒有更高層次的需求。但是許多證據顯示高層次需求的存在，因此X理論不僅在民主社會不受到重視，在科學上的正確性也明顯不足。我認為，透過低層和高層抱怨實驗，即可證明超越需求也是X理論的一部分。換句話說，依照優勢的層級排列，世上存在有低層需求經濟體、高層需求經濟體和超越需求經濟體。

問題是，要如何把以上的人性因素，納入資產負債表或會計系統，我們如何能將它們轉換成某人薪資的計算，或是如何計算出個性發展對組織的實際價值？舉個例子，假設一位年約二十五歲的男性，在一家執行X理論管理的組織中工作，因為某些原因接受短期的心理治療，情況獲得改善，可以適應Y理論的管理環境，因此在生產力和管理技巧方面有大幅度的提升，使得他的薪資大幅增加。這就是他的「財富」嗎？他會把這項所得納入他自己的會計系統嗎？

在這裡還出現另外一個問題：假設有一家工廠採行X理論管理方式，另一家工廠採行Y理論管理方式。理所當然的，Y理論管理方式對個人成長比較有益，但是我們如何把它量化？當然這些都會造成不小的支出。訓練開明經理人的成本將會比訓練非開明經理人要多出很多。問題是要如何把這些無形的費用，納入資產負債表中呢？此外還要考慮一些外緣利益，例如非金錢性質的利益，任何一位明智的人，都能明白這些非金錢利益是一種更高層次的經濟利益，但是很難以金錢計算。

此外，一個採行開明管理的工廠，不僅僅因為製造更好的產品，使得工作本身更為人所接受；更重要的是，它協助員工成為更優秀的公民、丈夫或妻子。這對全體人類而言，是一項寶貴的資產或利益，就好比校舍、學院、醫院或治療機構帶給人們的福利。我們如何將企業對社區的貢獻轉換成會計系統的計算？即使在貨幣經濟體系中，這樣的轉換也有其意義，因為企業為了採行開明管理，必須花費一筆教育費用。

關於開明管理或是高度民主與整合的社會經濟體，其中還有許多無法釐清的層面是我們未來必須解決的。例如，它假設市場是開放而自由的，也許我們可以用「開放競爭」（open competition）一詞來解釋。如果企業有競爭的能力，而市場上有其他競爭對手生產類似產品，或是有其他工廠的競爭等等，都可刺激企業的改進。至於在西班牙則為獨占事業，一家企業負責全國的火柴或汽車等產品生產。因為缺乏競爭，因此品質很難維持。當牽涉其中的人發現自己是騙子、惡棍，被迫陷入這種邪惡的情況，就開始變得憤世嫉俗。它們剝削可憐的窮人，例如產品的定價高於其原有的價值。此外因為品質的惡化，企業的營運也非常不健全。

另外一種類似的情況是，如果一個人生長在一個無菌的環境，沒有任何的細菌和病毒，那麼他將沒有足夠的抗體。也就是說，他一輩子都必須受到特別的照顧，因為他無法自己保護自己。相反地，如果一個人能夠自行選擇，居住於一個充滿危險的世界，只受到適度而合理的保護，如此才能有足夠的抗體抵抗疾病，不必害怕感染病菌而得病。這也表示，關於競爭或自由市場、自由企業的全新理論是可行的。我們不應該將其與冷戰，和任何的政治話題、政治情況相提並論。因為它適用於各種社會或經濟體系。社會經濟體系中的健全企業，即使轉移至資本主義的社會，應有的壓力和競爭環境仍是相同。也就是說，這不只是政治、經濟或道德上的考量，而是企業本身為永續經營的必然需求。一個好的拳擊手需要一位好的競爭對手，否則就不會進步。

此外，如果我們假設在自由開放、自由競爭的市場中，理性、真相、誠實以及公平正義是維持企業、員工以及社會健全的必要因素，如此一來，最優秀的人才與產品才能凸顯出來。最好的產品就會被顧客所購買，優秀的人才會受到更多的欣賞和重用。所有影響道德、公平正義、真相以及效率的因素，都必須減少或甚至消除。就好比銷售人員的迷人微笑、個人尊榮、偏袒親戚，或不實的廣告終究會導致失敗——就像只強調一部車的外表美觀，而不管它內部的實際功能。

如果以上關於健全企業和社會的假設是正確的，那麼我們就可以繼續發展下一個假設：所有的顧客、買主必須是理性的，他希望能買到最好的產品。他會依據真實的情況，檢查特定的訊息，仔細閱讀標籤，對於所接收的資訊保持質疑的態度，而非全盤接受，並極力遠離騙子。這些都是心理健康、自我實現者所具備的性格。任何能增進心理健康，使其成為更優秀的經理人、員工、公民或顧客的因素，亦對企業有所助益。任何能促使顧客依據事實和製造水準選購物品的因素，也對社會上其他人和企業有所益處。因此能協助個人成長的開明工廠，也能對社會上其他工廠產生助益。至少在原則上，這些因素對其他工廠來說是有價值的，所有能促使個人成長的因素都是有價值的。現在的問題是，這些可以納入資產負債表中嗎？會計系統可以計算出開明管理所產生的外緣利益嗎？

也許我們可以從「優秀的顧客或開明的顧客」這個觀念開始探討。我們現在假設顧客是理性的，喜歡高品質產品，有能力選購較良好的產品，如果品質相同則選擇價錢較低者；喜歡美德、真相與正義，不為不相關的事實所左右。如果有人受到欺騙，就會感到相當憤怒。

這個假設有其必要性，因為開明管理政策強調的是生產力的質與量同等提升。如果改良與廉價對顧客來說不具任何意義，那麼以較低的價格生產較好的產品有什麼作用？如果顧客關心的是其他不相干的事實，那麼關於高效率工廠、經理人和主管的討論，就變得毫無意義。如果人們願意被愚弄、被欺騙、被誘惑，那麼開明管理對這些人來說不會有任何的好處。因此，關於高效率、健全工廠的理論必須有某些先決條件，也就是顧客是理性的，有良好的品味和合理的憤怒。只有當人們重視誠實的美德，誠實才有意義。只有當人們重視好的品質，好的品質本身才有意義。只有當人們對於欺騙的行為感到憤怒時，才能阻止欺騙的行為。所謂良好的社會，其中一種解釋就是美德對人們有益；在美德對人們有益的情況下，才能稱為一個良好的社會。

30 會計人與創意人的區別

我一直認為，一個會計有必要把每一件大大小小的事物，都轉換成可以量化的數字。同樣地，那些獨裁管理理論家也認為，所有的人與人之間的相互關係都必須轉化成由簡單的線與表格所構成的圖表。

依據我的觀察，定義利潤、賦稅和成本的困難，主要來自於會計團隊的專業度。他們強力將企業內所有事實轉化為有形的數字和可代換的金錢，以便精準地計算、預測、控制。安德魯．凱依說，會計師在所有專業團隊中，他們的字彙能力最差。我就接著說，精神科醫師覺得會計人員是一群最狂熱的人。依照我對他們的認識，他們都是出身於會計學校，只對數字、小細節有興趣，性格非常保守。

在專科學校以及大學裡，會計師或其他具有強迫性格的人，都過分強調分數、學分、學歷、學位等因素的可替代性，他們將所有的教育投資都轉換成算術運算。但是新的工業和企業哲學需要不同的會計系統，不同性格的會計人員。

會計師的生活哲學可以歸咎於他們對自我的不信任。他們為家庭開支做好預算規畫，將一定數量的錢存起來，不去動用。他們會因為某種用途而存入一筆金錢。他們不願動用利率只有四％的存款，而寧願以十二％的利率貸款，因為他們堅守「絕不動用自己的存款」的觀念。這就好比有些人會將鬧鐘撥快十分鐘，以為自己可以多睡一點。這顯得非常荒謬可笑，因為他們知道自己撥快了十分鐘。現今的日光節約措施也是同樣的情況，這些都顯示出輕微的心理病態。夏季時，我們並沒有透過法律強制規定所有公司行號提早一小時上班，而是愚蠢地將時鐘撥快，讓自己以為在相同的時間起床。

這與創造性格完全不同。有創造力的人相信自己不需事先準備，就能有效地處理新的問題與狀況，在新的環境中隨機應變。愈具強迫性格的人，就愈需要對未來做詳盡的規畫，而且不得隨意更改或破壞。有些人甚至對未來做出某種承諾，堅守到底。例如，如果他們計畫某一天參加一個派對或旅遊，即使腿斷了或是心情不好，仍堅持按計畫進行。他們絕不改變心意，否則就會陷入焦慮不安的情緒。當然，這種規畫未來、仔細計算每件事、要求事事精準、可預測的態度，其實是對不安情緒的一種防衛機制，以避免自己面對意料之外的事。他們極不願意陷入毫無準備的情境中。他們無法隨機應變，他們不相信自己能在當下找到解決方法。

對於這樣的人或是會計師類型的人，要他們放棄詳盡的控制與檢查行為，就會造成慌張。他們必須清楚未來將要進行的每一件事，即使是不重要的瑣事也是一樣，他們寧可不信任他人。也許這就是會計系統為什麼只處理有形的事物，只處理可以轉換成金錢形式的事物。具有強迫性格的人不信任感情、混亂、不可測，甚至是人性。會計人員必須把每一件大大小小的事物，都轉換成可以量化的數字。同樣地，那些獨裁管理理論家也認為，所有的人與人之間的相互關係都必須轉化成由簡單的線與表格所構成的圖表。

對於統計數字、行程表以及其他外部資料的強烈需求，透露出內心聲音與確定感的缺乏。有果斷力的人會從經驗中學習，適當地運用外部資料幫助自己做出正確的決定。

31

會計師該做什麼

也許我們可以問會計師：現在有兩家公司，一家擁有豐富的人力資產，一家卻只有微薄的人力資產，若不考慮過去十二個月的獲利狀況，你會將資金投資於哪家公司？

會計師的問題在於，如何將組織中的人力資產納入資產負債表中：包括統合程度、員工教育程度、為建立非正式團隊、達成完全地合作所花費的金錢與精力、建立忠誠度、消除敵意與嫉妒、解除生產限制等等。這還不包括人力資產對於鄉鎮、城市或國家的價值。

在李克特的書中說得很清楚，藉由獨裁科層式管理，在短時間內確實可以提高生產力。在李克特的實驗中，獨裁式管理的生產力確實高於參與式管理。但是如果從另一個角度來看，如果我們只重視生產力，是過於偏頗的做法。簡單地說，當生產力增加，就會減損個人的忠誠度、興趣以及對工作的投入，甚至會影響工作態度。所有的人力資產都未列入資產負債表中，為了短期的生產力，犧牲了企業長期的利益。許多企業耗盡所有的資產以求短期的利潤，不知為未來累積人力資產——忠誠、對經理人的良好態度等。

這種情形又再度顯示出，區分短期利潤與長期利潤的重要。長期而言，開明管理是最適當的管理政策。但就短期而言，開明管理也許不會有較突出的結果。這就好比說，在緊急狀況時身體可以用盡所有的能量。例如，在危急狀況時，腎上腺素會升高，並維持到危急狀況解除為止。但就長期而言，這可能會造成死亡或器官的損傷。其他如體內脂肪、氧氣或是肝醣的消耗等情形也是一樣。

在這裡我們可以探討顧客的態度問題。為了短期的利潤，公司可能會濫用顧客口碑，但就長期而言這形同於自殺。例如，一個新的管理團隊接收一家歷史悠久、信譽良好的公司，但卻利用公司的資產與顧客的信任，推出低價品或仿冒品。也許顧客在一段時間內無法察覺，而且也創造了鉅額的利潤。但長期而言，終將失去顧客的信賴與忠誠。對於任何想要永續經營的企業來說，這種行為無疑是自取滅亡。

問題是，會計人員要如何將顧客口碑和忠誠納入資產負債表中？也許我們可以問會計師：現在有兩家公司，一家擁有豐富的人力資產，一家卻只有微薄的人力資產，若不考慮過去十二個月的獲利狀況，你會將資金投資於哪家公司？此外，如果一家公司擁有顧客口碑的公司，另一家卻耗盡顧客口碑的公司，你要投資哪家公司？如果一家公司的員工士氣高昂，另一家士氣低落，你要投資哪家？你要投資流動率高的公司，還是流動率低的公司？你要投資一家缺席率高的公司，還是一家缺席率低的公司？

32

業務員就像外交大使

一名好的業務員就等於是公司的眼睛和耳朵，就像是公司的外交大使一樣。任何一家企業都應該定期對客戶作出回饋，關心市場的需求，了解市場的滿意度。業務人員就是負責蒐集市場資訊，以及對客戶做出回應以及回饋的人。

如果我們依照原先的假設，企業追求的是長期健全的發展以及永續經營的原則，就有必要釐清業務員與顧客的定義。現在對業務員與顧客的定義大都遵循著欺騙者與受騙者的原則。不是顧客壓榨業務員，就是業務員壓榨顧客，我們常常談論誰受到欺騙，誰受到剝削，誰被占便宜。有時候顧客被認為是一隻流血的綿羊，任由更聰明的蚊子或水蛭吸食，有時候顧客被視為一隻豢養的動物，天生就是被人所利用。

目前大家對業務員的刻板印象是，以為這是一份注重短期效益的工作。業務人員希望在最短的時間內，獲得別人的肯定，快速獲得成功。他要在最短的時間內賣出手中的東西，而沒有太多的時間思考下星期會發生什麼事，他也不會思考公司未來會發生什麼事，其他部門的銷售情況怎麼樣或市場的演變如何。他只關心現在；他不僅眼光短淺，同時視野狹窄。這就是目前大家所認為的業務員典型；這就是所謂的優秀的、成功的業務員；他最重要的目的就是銷售品，在任何情況下都是一樣，不論產品有多糟，環境有多壞均是如此。

只不過，一個務實而健全的企業，需要的是不同的業務員，業務員與顧客的關係也有所不同。首先，業務員的眼光要放得長遠，視野要夠寬闊；他考慮事件的因果關係，建立整體性的思考邏輯。如果你希望與顧客保持長久的關係，就必須改變企業與顧客之間的關係。在理想狀況下，好的顧客所要的是最好的產品，他們是聰明的、理性的、有道德的，他們會以合理的方式選擇最好的產品、最便宜的價錢、最好的品質；在他們做出選擇時，會考慮業務員的道德感與整合力。如果他發現自己被騙或察覺情況不如他所想像，就會感到不滿。

我可以舉一個自己任職小工廠經理的經驗，當時我希望讓生活過得輕鬆一點。每一次供應商把貨運到工廠來時，我都跟他們講，我不想花時間檢驗貨品；我百分之百地信任他們。我說會下單給他們，但是不想驗貨。如果被欺騙，我會做一些補救措施，把錢要回來。當然，我從此不會和他們有任何往來，欺騙我的廠商也會喪失賺錢的機會，也失去我們公司對他們的信任。

很不幸的，這種欺騙的行為居然發生了。有一次，某家供應商送來一批品質不合格的貨品，我把貨退回去，也把錢要了回來，並且告訴該業務員不必再送貨給我。不管價錢多麼低廉，我都不會再接受他的任何一件商品。後來他不斷嘗試以低於一般行情的價格，想吸引我再回去買他的東西。不過，我還是斷然拒絕占這種便宜，從此以後，再也沒有買過他任何一件商品，沒有再和他有任何的生意來往。

事實上，他的欺騙行為已經讓他丟掉我這個客戶；他的所做所為將使公司瀕臨關門的危機。

他完全不在意我的忠告。長期下來，這名業務員將會摧毀他工作單位的信譽（因為我們是長期發展的企業，所以這一點就變得更重要）。也就是說，「一個心理健全的客戶」不喜歡被玩弄欺騙，如果和他往來的廠商總是用真誠的心相待，他心裡自然也會充滿感激，供需雙方的關係也會愈來愈好，彼此之間的生意往來也會愈趨頻繁。

另一方面，應該時時為客戶的利益著想，盡自己所能的提供最好的服務，並且協助客戶，甚至有時候建議顧客購買競爭對手的產品而不買你自己的產品，因為如此一來，會讓他對你產生信任感，如果你公司的產品變得更好，顧客就有可能回頭購買你公司的產品。

當然這樣的美德並非人人者都能具備；經理人希望顧客能夠買到最好的產品，即使是向競爭對手購買也無妨。他把這種行為視為一種正義以及美德的表現，雖然他會因為失去生意而受到傷害，不過這種傷害是短期的，長期來看，對他自己或是其他人而言都是有利的（至少以較高程度的需求以及共同需求的角度而言）。當然，這需要相當程度的客觀性以及超然的態度。事實上，我們社會偶而會實現這項美德。例如，一位神父如果失去了信仰，雖然這是私人的問題，只隱藏在他心裡，但他還是會很有風度的辭去神職。同樣的情況也發生在政治場合中，政治人物如果不同意政府的做法，就會辭職不幹轉頭離去。如果良好的情況可以維持一段時間，我們就可以期待這種溫和、客觀以及誠實的美德，會愈來愈普遍；有時候我們也會在愛情中找到這樣的美德。

對大部分的企業家以及業務員來說，很少有人願意建議客戶試用競爭對手的產品。不過我認為一個健全發展的企業必須做到這一點。也就是說，在一個健康良好的環境下，這樣的做法長期而言是有利的。安德魯・凱依曾經嘗試達成這樣的理想狀況，例如，不用煩惱去賄賂人家，或是請人吃午餐，或是建立虛假的朋友關係，為的只是要引誘他們買你的產品。凱依曾經自問：「這是什麼樣的生活？如果我必須做一個言不由衷的偽君子，強迫自己去和我不想交往的人做朋友，那我的生活將會變成什麼樣子？如果我連拒絕的權力都沒有，必須被迫和自己不喜歡的人共進午餐，那麼做生意有何意義呢？」

針對有賄賂嫌疑的行為，也不應給予預算信用（budget credit），例如誤導顧客購買次級產品。如果顧客是理性的，這樣的做法會讓他更加懷疑產品的價值。真正好的產品不需要利用這種欺騙的手段。誠實的人會對於這種賄賂的行為感到厭惡。

在一個良好理想的環境之下，任何一家企業都應該相信：最好的產品一定能夠占有市場。自由、公平、開放的競爭是必要的。因此，他們對於任何影響這個基本命題的因素，會感到極為不滿。

因此，開明企業的業務員與傳統業務員的角色功能不同。他除了了解自己的產品外，還必須清楚市場的現況、顧客的需求以及產業競爭。事實、公正、真相與誠實都是業務員的座右銘。記住，這不只是道德上的考量，更重要的是它能為企業帶來長期的利益。不過我們最好以綜效的角度，整理出最後的結論：當環境與人性發展達到高度的綜效性時，自私與無私、個人利益與公眾利益不再相互對立或排斥，而是相互融合為一體。我們可以說，業務員必須是誠實的人，可被信任或相信，也很有風度。

最後還有一件事必須特別強調的是，也是我在所讀過的相關書籍裡沒有提到過的，業務員必須具備銷售以外的能力。一名好的業務員就等於是公司的眼睛和耳朵，就像是公司的外交大使一樣。任何一家企業都應該定期對客戶作出回饋，關心市場的需求，了解市場的滿意度。業務人員就是負責蒐集市場資訊，以及對客戶做出回應以及回饋的人。他就像是公司的副總裁，除了銷售外，還必須負責未來產品的創新與發展。業務員、公關人員、對外代表或是行銷人員，不論是何種稱謂（業務員的名稱不是很恰當），必須具備公司內部每一位員工的角色功能，在某種特殊時候或環境，某一項功能特別重要。例如，他是負責未來產品創新的副總裁，但同時也是負責產品銷售的業務員。

未來行銷人員必須拋棄操縱的概念。目前一般的業務人員，都把自己想像成是一位操縱者，一位心理學家，可以隱瞞重要的資訊和真相。但是開明業務員和行銷人員必須公開所有資訊、誠實地告知事實真相，這樣的做法需要某種特定的性格。但現今的業務員並不具備這樣的性格。因此未來開明企業必須以不同的方式訓練業務員，並僱用具備特定個性的人擔任業務員。

和客戶建立永久的關係

「這些服務客戶的業務員，必須將眼光放遠，視野放大，考慮事件的因果關係，建立整體性的思考邏輯。原因在於，如果你希望能與顧客維持長久的關係，就必須改變顧客與業務員的關係。」

——馬斯洛

我們有一次到史丹福大學工程系參加工業思想論壇（Industry Thought Forum）。該系的肯恩．摩瑞斯教授（Ken Morris）是人力軟體公司（PeopleSoft）的創辦人，這是一家高科技公司，成長速度驚人，摩瑞斯也是一位業餘演說家，他為公司所創造的願景——服務顧客的熱情——完全符合馬斯洛的思想及主張。

人力軟體公司的營業額在十年之內，從一千萬美元大幅成長到一百三十億美元。目前擁有四千多位員工，令人驚訝的是，其中居然有高達四二%的員工，專門負責客戶服務以及客戶管理的工作。這也難怪人力軟體公司會成為一家成長最快速的企業。

摩瑞斯認為，他們所強調的核心價值是公司成功的主因。他說，其中的第一項核心價值就是員工。人力資源是非常重要的。他們不只是口頭說說而已，而是真正付諸實行，不允許有任何的妥協。人力軟體有許多格言，例如往大處思考，從小處著手，穿著輕鬆，工作機警，尋求諒解，不悲觀，完全反映這家公司的企業文化。公司企圖改變工作流程和工作團隊的努力，不只是為了創新，更是為了避免組織科層化。他們相信科層制度會扼殺員工的創造力。就如摩瑞斯所說：「我們的工作場所非常民主，人力軟體沒有所謂的官僚體系，每一個員工都可以自由發揮，得到他想要的資訊。」

這家公司的第二項核心價值就是對客戶的無限關心。雖然我們以前也曾經從其他的企業領導人口中聽過類似的話，不過令我們驚訝的是他們跟客戶所建立的特殊合夥關係。他們相信與顧客的關係將會維持十年、十五年甚至二十年之久。無論情況好壞，他們永遠在這裡為顧客做最好的服務。他們不會為了短期的利益，犧牲與顧客間的長期合夥關係。

人力軟體的最後一項核心價值當然就是利潤。摩瑞斯說，公司的員工都深信如果他們創造了人力資源以及客戶這兩項核心價值，那麼利潤自然就會源源而來。

33 了解顧客的理性程度

我們應該利用科技發展的優勢，將所有有關民主、溝通、尊敬、關愛、傾聽，以及客戶滿意度等議題系統化。換句話說，我們不但應該維持小眾的利益，同時也要創造大眾的利益。

所謂開明業務員以及開明顧客，都建立在產品優良而有價值的假設之上。如果產品不夠好，Y理論管理反而對企業有害。只有在環境良好，每個人都信任產品、認同產品並引以為傲的時候，Y理論管理才有效用。相反地，如果產品不佳，必須用欺騙隱瞞的方式推銷，只有X理論型經理人、顧客和業務員行得通。如果X理論可行，就表示不信任產品以及顧客的理性態度——假設他沒有能力挑選最好的產品，容易受騙上當。事實上，當我們了解顧客的理性程度後，就能明白必須採取哪一種管理原則才能成功。低度理性的顧客適用X理論，高度理性的顧客則適用Y理論。

34 別欺騙顧客

一家企業如果想要永續經營，維持健康平穩的發展，就必須和客戶建立非操縱性的關係，而不是騙了一次錢，從此和客戶說再見。

通常業務員給人的印象就是，只注重短期效益，必須在最短的時間內成功並獲得報酬。我們可以說他是一個比較「實際」的人，這類型的人剛好和我所說的「理論型」的人恰恰相反。意思就是說，前者比較注重短期、狹隘的利益，後者則是著重於長期而廣大的利益。「實際型」的人，比較沒有延宕（delay）的能力。他需要快速的成功和勝利，而這是可以測試的。對他來說，「現在」指的是接下來的數小時或數天。但是對於理論型的人，現在則可延長至數年的時間。

我所謂的時間短暫或空間狹隘的意思是，典型的業務員只重視星期二下午與瓊斯顧客在費城的約會，並急於談定這件案子。但是對於一位理論型的業務員來說，他會開始預想從此時起，在相同的地點和空間將會發生什麼事。實際型的業務員完全不清楚企業中銷售和工程等其他部門的營運。也就是說，實際型的業務員比較不會運用遠距離的觀察，思考可能的後果、相關的規範、商品的一貫性與不一貫性或是因果關係。所謂整體性的思考方式，並非是單向的因果鏈，而是由中心向外擴散的無數個同心圓，或是由數個綜合體所組成的盒組。理論型的人比較能意識到長期而遠距離的後果，但是實際型的人則無法做到這一點。

也許我們可以從另一個角度來看，實際型的人或實際型的業務員，思考比較具體（而非抽象）。他總是會被眼前發生的事情所吸引，對看得到、摸得到、聞得到的東西所吸引，對於看不到的、未來可能發生的事情，就沒有什麼反應。

我想在任何社會中，每個人的實際性（practicality）、具體性（concreteness）都有所不同，不同的目的就需要不同性格的人。我認為，當開明管理愈受到重視，就愈不需要實際而具體型的業務員。性格的差異性仍需存在，但必須削弱。我們可以妥善運用性格的差異，但是極端的實際性格則沒有必要——它會造成個人的孤立，對推銷產品的業務員來說，反而阻礙他與顧客之間的人際溝通。畢竟，開明社會必須有一定的整合度。原子式可以用來描述非開明社會的情形：分散、支離、低度的整合與連結。

不可否認的，性格的差異是有效的解釋方式。我們傾向於以對立的特質，描述理論型與實際型人格的不同。一個理論型的人，絕對不會有實際型人格的特質。但是我們從心理健康的人身上發現一項事實，心理健康的人具備所有的特質。心理健康、理論型的人，其實具備了理論型和實際型的特質，端視於環境的客觀要求。屬於實際型的人或業務員，只是比較實際，但並非任何時候都是如此。當客觀環境要求時，他仍可以變得較為理論性。性格上的差異只是程度上的不同，而非有或無的狀態。

即使在開明管理的情形下，業務型或實際型的人仍是需要的。我們不應該將實際型的人視為不必要或病態的。我們所要做的是，修正或調整過於極端或過於對立的特質。過去業務員從不考慮明天會發生什麼事，也不願以超然的態度思考，更不會想到他的行為可能造成的後果。我們所要修正的就是這種刻板印象。

我又突然想到一件事，這些只注重當下的業務員，比較不會受到過去的成功所影響。對於一般人來說，一年前的成功仍是強化自信的重要因素。但是實際型的業務員不同，他需要不斷地成功。就像好萊塢所說的：「你拍完最後一部電影才算成功。」實際型的業務員可能會說：「你完成最後一筆交易才算成功。」

不論在何種情況之下，理想的業務員一定具備某種程度的支配力、自信和操控力。足夠的自尊與自信是業務員不可或缺的特質。為了化解衝突，從容應付猶豫不決的顧客，必須擁有穩固的自信和自尊，相信有成功的可能。另一方面，業務員不可以有絲毫的顧忌或自我懷疑。他們不會使自己吃虧，不害怕贏得勝利，不願成為失敗者。他不願為自己帶來災難；不願受到懲罰；不會因為勝利而感到罪惡；不期望因為勝利而遭受懲罰。這些特質都是可以測試的。

也許我們可以利用業務員的合群度、對公司的喜愛程度與某群人的契合度等，觀察出他對人的喜愛度。如果業務員將自己視為某種麋鹿或是駝鹿，和其他的麋鹿相互打鬥，並且特別享受打勝仗的感覺，自然而然的，就愈來愈缺乏幫助別人的意願，比較沒有類似父母親的愛心，不具有醫生或心理治療師的人格特質，無法從減輕他人痛苦的行為中得到快樂。他們對愛的認同不高，同胞愛的施予也不夠廣泛。比起其他類型的人，他們比較沒有綜效感。這就形成了一種叢林哲學，而好的業務員會將其視為一座可愛的叢林，充滿樂趣、良性衝突以及勝利的滋味。這個環境為人所喜愛，他有信心可以在叢林裡打敗其他人，這些人不如他優秀、不如他堅強——也許還帶有一點輕視，因為這些人無法獲得他的認同與喜愛。

一旦我們認清X理論與Y理論管理需要不同性格的人，那麼關於「優秀的業務員」的討論才有意義。優秀的X理論業務員與優秀的Y理論業務員不同。優秀的Y理論業務員比較能意識到他與企業的連結性，更能認同企業以及企業內所有的人。他將自我認定為企業的大使或代表，而非一個獨行俠，只追求自己的利益；他甚至扮演了企業與顧客的溝通橋樑。在Y理論環境中，操控的因素會降低許多。這其中當然有許多因素，最重要的因素是Y理論推銷術強調幾近完全的誠實和坦白。一家企業如果想要永續經營，維持健康平穩的發展，就必須和客戶建立非操縱性的關係，而不是騙了一次錢，從此和客戶說再見。這也是為何麼Y理論業務員必須有較長遠的思考。

另外，Y理論業務員需要做的改變是，他不應該只將自己視為一位征服者或勝利者，而應將自己視為企業內的有機體，可以從顧客身上得到回饋。Y理論業務員不只是在推銷產品，他更希望能與顧客建立實質的關係，因此業務員可以蒐集寶貴的顧客資訊，使得公司得以據此改善產品。這時必須改變業務員與顧客以及業務員與企業的關係。他是顧客的一分子，具有兩種特定功能，而非企業內的其他成員；如果他將顧客視為易受騙的綿羊，就無法把工作做好。

這裡就牽涉共同善意（mutual good will）的問題。每個人都可以想見，如果產品不佳，任何類型的顧客都會有所抱怨。但你不可能期望只接收到具有善意的顧客回應。其實他們不是抱怨，而是提出正面的建議，協助公司製造更好的產品。有些顧客超越應有的責任，竭盡心力協助業務員或企業。例如，一家地區性電台公布要進行一項調查，讓聽眾說出他們喜歡或不喜歡的節目。他們解釋這樣的做法，比較容易銷售廣告時段。其實這已經超越了它應有的職責，但卻讓人們對這家電台產生好感。這種顧客與業務員的關係就是非叢林式的。

關於長遠性思考的論述，使我想到將機體論（organismic theory）運用到管理政策上。經過長時間理論和實驗的證明，如果人們以長期的觀點思考，例如一世紀，那麼就能保證企業的長期成長。如果要迅速理解開明管理的特質，你可以問經理人：「你希望死後將公司移交給誰？」如果他想要將自己的事業移交給兒子或孫子，那麼他的行事作風與其他不在乎自己死後會發生什麼事的人，就完全不同。具備長遠思考的人，與顧客的關係是建立在誠實、坦率、善意、公開以及統合的基礎之上。

至於機體論的實際運用狀況也是如此。如果一個人能明白在良好的環境中，企業與社區、城市和國家有相互的關係，就更能明白注重長遠的思考所產生的結果。有些企業將自己視為完全獨立的實體，不屬於任何人，也不與任何事物有關聯，甚至與所有人相互對立；他們欺騙那些短暫停留，而且永不再來的觀光客。比起那些具體思考、注重短期效益的人，觀光客要好騙多了。但是如果希望企業能永續經營，並與社會建立良好的關係，就不應該成為上述的大騙徒。二十世紀初，加州人對待東方人的態度就是例子，並對日後珍珠港事件以及中國人對美國的怨恨，埋下一顆炸藥，最後導致戰爭的爆發。

其實關於全新整合性的法律概念與現有法律制度的差異，也是相同的情形。現今的法律採二段或三段式辯論的方式，或是被告與原告二者之間的辯論，正義、真相等等已不重要，他們在乎的是如何利用規則贏得勝利。但是在整合度更高的社會，還是有被告與原告的存在，除了為自己的客戶爭取最好的權利外，他們更重視的是伸張正義、公開事實真相。

即使是開明的環境，我們仍需要好的業務員。在任何情況下，一位優秀的行銷人員一定會全力以赴，介紹自己產品的優點，不必採取完全中立的立場。我們可以說，這樣的做法才能真正的產生效用。在任何的社會體制中，無論是社會主義或資本主義，都必須有人說明某項產品的優點和必要性。無論是在社會主義或共產主義國家都是一樣，如果他們能夠真正理解其中的道理，就會將權力下放，對於特定工廠的管理給予一定的自治權；為了保有競爭優勢，應該開放四到六家工廠生產腳踏車。

Y理論推銷術比較不採行賄賂和不誠實的做法。這不僅是道德上的考量（當個人或組織愈健康，道德將是愈來愈重要的激勵因素），還有實質面的考量。企業與顧客之間必須建立善意、信任和整合的關係。如果我發現受到業務員的欺騙，今後就不願再與這名業務員或企業有任何的往來。長期而言，欺騙的行為是相當不值得的，尤其當一個人認為心理面的報酬和懲罰與財務面同等重要時。從這個角度來看，詐騙他人的金錢實在沒有必要。考慮罪惡感、羞恥心和內心衝突，不僅有實際的需要，在理論上也有相當的必要性。換句話說，不論是實際、頭腦精明的業務員類型或是和善型的業務員，都必須做到這一點。

Y理論的業務員，可能會失去一些客戶，不過那些都是差勁的壞客戶，如果公司可以承受這樣的損失，就不如失去他們。這些客戶沒有忠誠度可言，他們只會不斷欺騙業務員或公司。除非你公司在某些特殊的情況下，真的很需要這樣的交易，否則最好不要與這些顧客有任何的牽涉，這樣才是比較聰明的作法。因為長期來說，他們還會繼續欺騙你。另一方面，Y理論強調的誠實推銷，能夠吸引真正優秀的顧客，這群顧客有一定的忠誠度，是可信任的。這就是所謂的半透膜理論（semipermeable membrane），只保留好的物質，將不好的物質排除在外。

這就引發了選擇的問題：管理層挑選合適的業務員，而客戶和業務員則相互挑選。但誰是最好的選擇人，誰是最優秀的人事主任？通常我們認為，較健康的人是較佳的選擇人，因為他們能做出較客觀的判斷，能確實了解客觀環境的要求；至於神經質的個人，比較傾向依照自己的神經質需求（neurotic needs）的滿足來挑選員工。我們可以這麼說，心理健康的人視野比較開闊，他們的思考向度在時間上和空間上較為長遠和客觀——也就是他們較務實，長期而言他們更容易達到成功。

35 解讀員工的抱怨

如果有人仔細研究組織內抱怨的程度，就可以做為測量企業健康程度的標準，尤其如果有足夠的案例可供參考的話，將更有效用。

一般而言，整件事情的發展狀況可能就像這樣：人們能夠生活在不同的動機層次下，也就是說，他們能夠適應高層次的生活，也可以適應低層次的生活——能夠在原始叢林式的生活中生存，可以在開明社會中擁有充分的財富；基本需求獲得滿足之後，開始思考詩或數學等方面的意義。

我們可以利用多種不同的方法，判斷生活的動機層次。例如，我們可以從個人感興趣的笑話中判定他的生活層次。生活在低層次需求的人，就會對不友善的或殘酷的笑話感到興趣，例如一位老婦人被狗咬、城中一位笨蛋被其他小孩搶劫。然而林肯式的幽默——具哲學性和教育性——會讓人們會心一笑，而非捧腹大笑；沒有任何的敵意或征服的意味。這種高層次的幽默不是生活在低層次需求的人所能理解的。

這種實驗也可以被視為動機層次的研究樣本，而從各種症狀和表達行為中，看出人們的動機層次。我們可以利用羅夏測驗了解一個人的真正需求和願望。已獲得滿足的基本需求容易被個人所遺忘，自意識層面中移除；至少就意識層面而言，獲得滿足的基本需求已不存在。因此，個人所希望和追求的會是動機層次中的更高層部分。基本需求雖然獲得滿足，但是更高層次的需求還未成為可能。因此個人仍未想到，這時我們就可以採用羅夏測驗得知。此外我們也可以利用夢的解析來測知。

我的想法是，抱怨的層次——一個人需求和希望的生活層次——可以反映出他生活的動機層次。如果有人仔細研究組織內抱怨的程度，就可以做為測量企業健康程度的標準，尤其如果有足夠的案例可供參考的話，將更有效用。

例如，在獨裁叢林式管理中工作的員工，恐懼或是飢餓是常見的事實，我們可以再觀察工作的選擇、老闆的行事作風、員工對殘暴的順從等等。這些員工的抱怨源自於基本需求的無法滿足。他們抱怨寒冷潮濕的天氣、疾病、殘破的房屋等等基本的生物需求。

在現代工業社會，如果還有人提出這類的抱怨，就表示該企業的管理制度真的非常糟糕，組織的生活層次非常低——在現今一般的工業狀況，已經很少會聽到這一類的抱怨。就積極面而言，這些抱怨代表他們擺脫現狀的一種希望和需求。好比說，墨西哥的員工可能會抱怨安全問題、被無故解僱、不知道工作能持續多久，因此無法擬定家庭預算。他也許會抱怨缺乏工作安全感、廠長的專橫，以及為保住工作犧牲尊嚴。以上這些抱怨就是我所謂的低層次抱怨（low grumbles），是基於安全或生理需求，亦是人類對於非正式社會團體的歸屬需求。

而較高層次的需求則是尊重與自尊的層次，與尊嚴、自發、自尊以及他人尊敬有關；希望有價值，期望自己的成就得到他人的讚美、報酬和認可。此種層次的抱怨多半起因於尊嚴的失落，或是自尊和名望受到威脅。至於超層次抱怨（metagrumbles），則與自我實現生活中的超越需求有關。更明確地說，我們可以歸結為存在價值的一部分。這些對完美、正義、美、真等價值的超越需求，使他們會抱怨組織沒有效率（這樣的抱怨也不會影響他們的荷包）。事實上，他們所抱怨的是所處世界的不完美（這不是自私的抱怨，而是一種非個人性、利他性的哲學式抱怨）；他也許會抱怨無法知道全部的事實，無法順暢地溝通。

這種對真相和誠實的完美追求，已經達到超越需求的層次，不再是基本的需求，擁有此種層次抱怨的人，過著高層次的生活。生活在憤世嫉俗、充滿小偷與暴君的社會裡，絕不可能產生此種層次的抱怨。對正義的不滿也是一種超層次抱怨，在管理良好的工作場所中，常可見到這類的抱怨。他們常常抱怨不公的情形，即使會影響個人的財務也一樣。另一種超層次抱怨，就是對於善行未能獲得獎賞，惡行卻獲得獎賞的情形，感到不滿。

換句話說，以上所說的這些，都強烈的暗示出人類會不斷地抱怨。沒有所謂的伊甸園或天堂，即使有也只是瞬間發生，稍縱即逝。當人們獲得滿足後，就會產生其他的需求。因此關於人類天性有最高限度的說法，是毫無意義的。這種說法認為，超過最高限度後，就沒有進步的可能。我們很難想像百萬年來人類會有如此進步的發展——人們不斷地追求和幸福。得到之後，也許會獲得短暫的滿足，但是久而久之習慣之後，就會逐漸淡忘，開始尋求更高層的幸福——人們認為任何事都可以比現在更完美。這就像是不停追求未來的永恆過程。

我特別強調這一點，因為我從很多的管理著作中，看到很多人對於開明管理的失望與覺悟——放棄開明管理思想，回到獨裁式的管理。因為人們永遠無法獲得最後的滿足，而當有更好的環境出現時，就不斷有抱怨產生，以上的原因造成他們對開明管理的失望。但是根據動機理論，我們不應該期望抱怨的終止，而是提升抱怨的層次，從低層抱怨提升至高層抱怨，最後提升至超層次抱怨。

我先前的文章中曾提及，人類的動機絕無停止的時候，而是隨著環境的改進不斷地提高層次。這同樣與我的挫折層次概念相合。我不認為挫折一定是不好的；挫折也有所謂的層次之分，從低層挫折提升至高層挫折代表一種幸服福、好運、良好的社會環境和個人的成熟。抱怨自己居住城市的花園計畫，抱怨公園裡的玫瑰花沒有受到良好的照顧，這些抱怨都顯示出這些人過著高層動機的生活。抱怨玫瑰園表示你吃得飽、有家可歸、財務情況良好、不害怕得鼠疫、不害怕被暗殺、警察和消防局運作良好、政府廉能、教育系統健全、地方政府效率高，還有其他所有事情你都獲得了滿足。高層抱怨與其他類型抱怨不同；只有在某些需求獲得滿足的條件下，才有可能產生高層的抱怨。

如果開明管理和智慧管理者能夠深入體會以上所述，就會期望出現更高層次的抱怨和挫折，而非希望所有的抱怨就此消失。他們對於費盡心力改進工作環境後所產生的抱怨，也不會感到氣憤和失望。我們要問的是：這些抱怨的層次是否有所提升？這是最重要的部分，當然也是可預期的。

現在有一個特別的問題出現了：什麼是公平，什麼是不公平？人們常常有許多瑣碎的抱怨，例如拿自己和別人比較——某人的燈光較亮、椅子較好、薪水較高等。和別人比較書桌的大小以及花瓶裡的花朵數目等等，這些抱怨都是一些芝麻小事。在某些特殊情況下，我們通常必須判斷這些抱怨是否屬於超越需求的公平層次，或者這只是支配層次以及追求名望層次的表徵。也有可能如達爾頓書中所舉出的例子，這是一種安全需求。我記得有一個例子，如果老闆的祕書對某個人很和善，對另一個人卻很冷漠，就表示後者要被解僱了。換句話說，在某些特殊情況下，我們一定要對動機層次做出判斷。

另一件更為困難的事，就是如何以動機的層面，分析金錢的意義。在動機層次中，金錢可以代表任何事情。它可以是低層價值、中層價值、高層價值或超層次價值。我試著詳細說明某個特定需求層次，但有些情況無法確實執行——對於這些情況我就放任不管，將其視為不可評估，不必花費力氣分析它在動機層次中的意義。

當然還有很多情況是無法分析的。也許最需要謹慎處理的事情，就是不去分析，將他們視為無用的資料。你可以進行一場規模龐大而完整的研究，重新訪問當事人，當初他們的抱怨就動機意義而言，到底代表什麼意義？但是就現今的研究而言，這有些困難，不太可能實行，而且也沒有必要。

好的環境不一定能讓人成長

讓我們記住什麼才算是真正惡劣的環境。在一些管理理論中，我們看不到有任何真正惡劣環境的例子，如同臨時工或非專業勞工所處的環境，惡劣到接近內戰的邊緣。也許我們可以將戰俘營、監獄或集中營視為最惡劣的環境。或是國內小型一人或兩人公司間激烈而殘酷的競爭；老闆必須壓榨員工到只剩最後一絲力氣，瀕臨崩潰的邊緣；老闆為了生存，必須盡可能地拴住員工、壓榨員工，在他們辭職前盡可能賺取最多的利潤。但我們不應該有錯誤的認知，以為管理稍差的企業就是惡劣的企業。我們必須記住，有百分之九十九的人，有數年的時間是在管理最差的企業工作。我們必須做更大範圍的比較。也許我們應該先蒐集真正惡劣環境的例子，再開始進行研究。

最近我才了解到，良好的環境雖然能激勵大部分的人成長，但對於一小部分的人卻會造成可怕的災難。自由與信任對於獨裁者來說，反而會引發負面的行為。自由、開放與責任會使依賴、被動的人，產生不安和恐懼的情緒，甚至因此而崩潰。直到最近我才開始注意到這種情況。在我們建構理論或進行實驗之前，最好蒐集足夠的例子。我們不妨如此假設：某些有心理疾病的人，具有偷竊的傾向，但是他們不自知，因為他們工作時受到嚴密的監控，因此這種傾向從未提升至意識層面。如果一家銀行突然「解放」，撤除所有的控制和監視，完全信任員工，那麼十個或二十個員工中，有一人會因為首次意識到自己的偷竊傾向而感到震驚；其中有些人認為不會被發現，因此屈服於這種傾向。

這裡最重要的關鍵是，不要以為良好的環境能激勵所有人成長、自我實現。某些神經質性格的人就不適合。某些性格或氣質也不易產生正面的結果。良好的環境、完全的信任，有時候反而會使部分原有的偷竊或虐待傾向的人浮至表面。我想到康乃爾大學的榮譽制度——一九二六到一九二七年時，我在康乃爾大學念研究所。令人驚訝的是，大約有百分之九十五的學生對這個制度感到滿意，並引以為豪。但是仍有百分之一到三的學生，沒有因為這個制度而有所改變，仍照樣抄襲、說謊或作弊。榮譽制度並非完全有用，因為個人的性格仍有所差異。

以上所談的想法和技巧也可以運用在社會心理學。例如，就大學而言，我們可以觀察社區的抱怨層次和學生的抱怨層次，以斷定開明的程度。同樣地判斷婚姻的美滿與否，也可以從抱怨內容的觀察中得知。一位妻子可能會抱怨丈夫忘了送花給他或是咖啡裡放了太多糖等等，但這不同於另一位妻子抱怨丈夫打傷她的鼻子或打斷她的牙齒。小孩對父母、學校或老師的抱怨也是一樣。

我們可以建立一個通則，藉由觀察抱怨的層次來評斷企業發展以及健康的程度。但要切記，不論婚姻多美滿、學校多優秀，抱怨仍會存在。我們有必要區分負面抱怨與正面抱怨。當基本需求的滿足遭到剝奪或威脅時，即使個人沒有注意到這些滿足或是將其視為理所當然，仍會立刻引起尖銳的抱怨。如果你問一個人他的工作環境有什麼優點，他可能會不加思索地說他的腳不會潮溼，因為地板不會淹水；或是他可能回答公司裡沒有蟑螂。他們認為這是理所當然，不認為是什麼特別的優點。但是如果這些理所當然的良好環境消失時，你就會聽到大聲的抱怨。換句話說，這些滿足不會使員工產生感激或感謝之情，但是如果遭到剝奪，則會引起極大的反彈。另一方面，我們也必須討論能促進改善的正面抱怨或建議。這些評論來自於較高層次的動機，是人們未來所希望的結果。

原則上，要擴大研究的範圍，就必須蒐集真實的例子，找出最差勁的老闆和最惡劣的環境。例如，我認識一位胖子，他恨不得殺了老闆，他一直沒有辦法得到好的工作，因為沒有空缺。而且他最氣的是，老闆只向它吹口哨，不叫他的名字。這種態度非常惡劣，他的憤怒愈積愈深。

另一個例子發生在我大學時，在一家旅館的客房部和餐廳部服務的經驗。我在一家度假旅店擔任服務生，他們支付我到旅館的費用，但卻要我擔任餐廳助手，薪水比服務生要低得多，而且沒有小費。我完全被騙——沒有錢回去，也來不及另外找一份暑期工作；老闆答應他會盡快讓我擔任服務生的工作，我也相信了他。餐廳助手的薪水一個月只有十到二十美金。一星期工作七天，一天十個小時，不能休假。當時我們還有一份額外的工作，就是準備沙拉，因為原本負責的廚師會遲一兩天才會到。過了幾天之後，我們問老闆廚師什麼時候會到，他總是回答說快了。就這樣持續了二星期。很明顯地，老闆是在壓榨我們。

最後，在七月四日美國國慶日這一天，飯店裡來了三四百個客人，老闆要求我們每一個人要熬夜加班，準備可口但製作耗時的甜點。所有人都毫無抱怨地接下這份工作——當我們做完七月四日的晚餐後，全部的人都辭職不幹了。對員工來說，這當然會造成金錢的損失，因為已經來不及再找另一份工作，而且心中的怨恨和報復的念頭如此強烈。直到三十五年後的今天，我還是能感覺到辭職所帶來的滿足感。這就是我所謂的真正惡劣的環境、接近內戰邊緣的惡劣環境。

蒐集完所有的證據後，可以列出一張檢查表，讓那些在管理良好的場所中工作的人更能意識到自己的好運（通常他們不會注意到，而且視為理所當然）。我們不必要求他們說出自己的抱怨，只要問他們當以下的情形發生時，他們感覺如何：如果工作場所中有許多小蟲，太冷、太熱、太吵或太危險；如果腐蝕性化學藥品濺到他們身上；如果高危險性機器沒有安全設備等等。當他們看到二百個惡劣環境的例證時，就會明白自己多麼幸運。

專訪蓋瑞・海爾

「我們可以建立一個通則，可藉由觀察抱怨的層次來評斷企業發展以及健康的程度。」
——馬斯洛

蓋瑞・海爾（Gary Heil）是創新領導中心（Innovative Leadership）的創辦人，也是一位作家，他花了二十五年的時間聽取企業主管的趣聞。他從經驗得知，流傳在公司內部的小道消息含有豐富的資訊，如果仔細解讀，可以了解公司的服務品質、授權程度，並得知員工所認知的事實和實際真相間的差距有多大。海爾把這個過程稱為趣聞評估（anecdotal assessments）。這項評估過程幫助許多公司改善了工作流程。我們迫不及待想了解他對抱怨的處理態度。

問：趣聞評估的主要目的是什麼？

答：最大的目的是想要透過這些資訊，了解組織對現實的認知情況。如果你無法認清現實，就無法妥善處理現實。當你了解這些小道消息以後，才能真正明白員工對工作環境的感覺。

問：你曾經花了很多時間，幫助企業蒐集反映員工感覺和思考方式的小道消息（牢騷），你覺得它們的可信度高嗎

答：這些小道消息都是公司裡的員工互相流傳出來的，講的都是一些有關公司的重要事件，並反映出他們對這些事件的感覺。當一位受訪者被問及某些問題時，也會利用他人的想法做為自己的觀點。當人們回答關於組織生活的問題時，他們會選擇與自己相關的部分議題。如同馬斯洛所說，我們整理所得的資訊與理論（馬斯洛的需求層次），可以得出有效的參考資料，了解在某些領域中組織的發展程度為何。

問：你可以舉個例子嗎？

答：例如員工常被要求描述他們在工作上所遭遇的障礙時，有些人可能會說明他們必須有足夠的資料以服務顧客，因此當資料不足的時候會覺得很氣餒，因為他們無法對客戶提供最好的服務。另一方面，有些人則把焦點放在主管身上，抱怨他的主管過於嚴格控制績效表現，不尊敬團隊的成員。至於另一個團隊，則是害怕因為組織縮編而被解僱。當我們將所有的資訊連結起來之後，就可以了解組織的不同發展層次。領導階層可以利用這些資訊，對未來做出更好的規畫。

問：我們不是已經從「文化調查」（culture survey）中獲得了很多這方面的相關資訊嗎？這也是各企業廣為使用的資訊。

答：當然，我們從很多的計量研究中獲得不少有用的資訊。不過我也認為，不應該太早捨棄掉這些在員工之間廣為流傳的小道消息。因為這樣的話，就無法更精確地解讀所有的研究成果。例如，在「文化調查」中我們常問一個問題：「你需要多少的資訊以順利執行工作？」在績優企業中，答案多半接近五（共有六個等級）。然而，當你一一與員工討論他們所得到的資訊時，就會發現他們根本不了解其中的差異存在，也不了解造成差異的原因。此外，很少人知道有多少顧客選擇其他的公司，更不知道背後的原因。重點在於，人們常常對於他們所收到的資訊感到滿意，但是卻不了解自己真正想要什麼。如果沒有面對面的訪談，研究的結果可能會誤導領導階層。也許最重要的是，這些小道消息最大的用處是，提供面試者一個發問的機會，為什麼員工會有這樣的感覺，並且請他們列舉一些例子，說明引發這些感覺的原因。計量研究和小道消息研究的目的相類似。兩者都企圖經由這些資訊，再度激起員工的創作力，並且坦率的說出對公司的意見。

問：誰應該主導這些訪問呢？

答：我們利用局外人（經過訓練、專門蒐集小道消息的顧問）和局內人（公司的領導人，具備優秀的人際互動與分析技巧）共同組成一個小團體。局外人可以看出局內人所沒看到的事情，局內人比局外人更了解組織的運作。這樣的方式可以達到最佳的效果。

問：如果有人說，這些訪問引起太多負面的情緒提供員工大吐苦水的機會，你會如何回答？

答：就像馬斯洛說的，人們的需求滿足感永遠是不夠的。也就是說，除非真的有所不足，否則他們不會感覺到也不會想去談論。只有在心中產生這個動機時才會去談。所以，我們不必覺得驚訝，當人們接受訪問時，他們自然會談到當時最感挫折的事情。領導層應該把這些意見當成是難得的禮物，因為員工說出了對公司的一些想法，可以做為勞資雙方的溝通管道。了解他人的想法是加強雙方關係的最關鍵因素。可惜的是，有些人卻把這些訪問當成是一種沒有意義的抱怨。領導者總會為他過去的所做所為以及目前的企業文化辯護，卻不願意透過員工的眼睛去看這個世界。

36 開明管理的十三大原則

不容否認的，開明管理的觀念目前正迅速的在美國蔓延。我們可以確定的是，它將使社會整體獲得改善，引起革命性的改變。

我非常重視整體性理論，不只是個人，包括社會、文化和其他的有機體，關於社會變革的理論也必須是整體性的。社會的變革是整體性的，其中的每一件事物都相互關聯，彼此結合成為一體，任何的變革都是牽一髮而動全身。你不能只按一個按鈕、制定單一法規、改革單一機構或是撤換一位領導者，就期望社會有所變革。我從未看過單一事件的變革就能造成整體社會的變革。當然，就整體性思考而言，任何單一的變革都會對社會整體造成某種程度的影響。換句話說，要改進社會必須針對所有的機構、事件或個人進行變革。

第一、社會變革是全面性的，是人為的力量使社會所有的機構和附屬機構同時獲得改進。也許有人認為某些機構較為根本而重要。我也確信，在美國文化中最根本、最重要單一機構是工業；在實質面上是如此，但是理論上並非如此。身為一位務實的政治家，我相信工業的變革比起其他機構，更能造成巨大的影響。此外，如果工業本身必須有所改變，也要有其他環境的配合。舉例來說，除非社會、經理人、主管、員工、政治家和學校等所有的人、事、物都已準備好，否則工業界的開明管理無法真正擴及到社會整體。在一個獨裁社會中不可能實行開明管理。獨裁主義本身必須經過適當的修正後，才有思考開明管理的可能性。這只是其中的一個例子：還可以找到他更多的例子。

第二、接受漸進式變革的必要性與必然性。如果任何機構的變革都必須經由其他機構的徹底變革才能有所成效時，那麼這種整體性的變革勢必會經過一段漸進式的政變流程，而非像過去的革命家所期望的快速變革。事實上當我們想要改進社會時，也可以成為革命家，只是這個字眼有些負面的意義。他們必須完全接受，了解並同意漸進式變革的必要性——有許多例子可以證明，無論是個人或組織必須提升至某種層次之後，才會進行開明管理。

第三、達到上述兩項目標後，接下來就是知識、意識控制、意識設計與規畫和科技的變革（這是唯一合理的可能）。在採行複雜的社會變革理論，而非簡單的社會變革按鈕理論，以上的變革就有其必要。如果只通過一項新法律或改變憲法中的某一項條款，對任何人來說，都能很輕易地感受到社會將有所改變。按鈕改革理論之所以施行多年，是因為很容易為愚蠢而未受教育的人所接受。比起更正確、更具整體性的複雜社會變革理論，按鈕理論較為受歡迎。但事實上，社會變革必須是整體性的，實質上它也非常的複雜、不易被未受教育的人們所接受，即使受過高等教育的知識分子，也無法快速地認同。也許它無法為所有人類所理解；也許必須有一群專家學者，依照自己的專業知識分工合作，說明社會變革以及漸進式的科學、研究、教育、學習和教學等變革的必要。這與傳統革命家準備好反抗和殺人的行為不同。在所有社會變革的過程中，如果只是為了維持法律和秩序，軍人是有必要的，但是科學家更能帶動直接而具意識性的社會變革。

第四、關於便易性和可行性的問題。很明顯的，不同的社會有不同的情況，而同一個社會的不同年代，情況也不盡相同。最有效的變革方式，就是針對已經做好準備的機構或附屬機構，進行變革或重組的工作。例如，在我們社會有許多機構渴望進行改革，有的即將進行改革或是已經進行改革。托兒所和專業的育兒教師數目正逐漸增加中，但是很多人並不知道這是一項革命性的改變。同樣的，幼稚園政策、理性和實際面的教育、母親訓練、幼兒診所的擴展等等，都是一種社會變革。開明管理的普遍性使得社會獲得整體性的改善，也是一種變革。我們可以歸納說：「所謂漸進式的改革，就是利用有意識的知識，從最脆弱或已準備好的地方開始著手，再擴大到整體的範圍。」

第五、改變的希望。如果我們能接受漸進變革的需要，並為此感到滿足（如果有足夠的智慧與洞見，基於良好的技術能力採取漸進式變革），就能明白我們可以以一己之力做出小小的改變，不會因此而失望、沮喪、失去自尊或感到無助。個人是改變社會最重要的力量。也就是說，沒有任何人可以做到超出一個人所能做的範圍。或以另一種方式來說：一個人只能做到一個人的事，而無法負荷一個人以上的工作量。這樣的話，就可以使每個人都感覺得到他應該有的力量（而不是超出自己的力量），自然的就不會覺得自己很軟弱、很無助，不覺得自己像玩偶一般任人耍弄，完全沒用，覺得自己在面臨社會改革時一無是處，一點忙也幫不上。

個人的無助感或無力感有一定的危險，尤其是對一些十幾歲、二十幾歲，以及三十幾歲的年輕後輩來說，他們在面對炸彈攻擊、大型國際性會議以及冷戰時，往往覺得徬徨無助。最後變得更為自私，只顧自己的事而不管外面的世界。魏斯曼所說的，自私主義（privatism），意思就是只為自己生活，不會想到其他人，在被殺害或世界末日來臨以前盡情的享樂。

威爾遜（Colin Wilson）曾經談到選擇成為英雄或是一條蟲的問題——令人惋惜的是，很多人選擇當一條蟲；他們非常的無助，懷疑自己的能力。當一條新法律通過，每個人都比以前多擁有一輛車、婦女取得投票權、勞工工會很有組織、參議員開放直選等等改革措施陸續實施，但社會卻沒有什麼明顯的改變，那些社會改革者、過度樂觀的慈善家，以及擁有善意的人因此而覺得希望破滅。他們對社會改革存有太多的期望，所以當他們漸漸年老以後，就會覺得厭倦無力，滿腹牢騷，退入自私主義，不再理會與社會改革相關的任何事物。

其實，我們應該對驕傲的感覺感到興奮戰慄，並擁有強烈的自我尊重感。只要是自己曾經參與一項改革措施並獲得成功，即使它的效用並不是很大，也要覺得很有成就感（就好像贏了球賽一般的自豪）。例如，當我們好不容易選出一位最佳人選，代表民眾出席州議會、當地的圖書館委員會、學校董事會，或是為學校爭取到更多的教育經費，或是我們設法為當地高中爭取到更好的老師等事情時，都應該把它看成是一項勝利，並為自己所付出的努力感到自豪。

第六、全心投入地方基本建設，不強求參與偉大的宇宙事物。當人們發現在面對宇宙性問題時，自己所能做的極為稀少，於是產生失望的情緒。我舉一個在收音機上聽到的例子。主角是一位年輕男子，他是貴格教派的教友，是墨西哥公誼服務會（Friends Service Committee）的一員，他花了幾個月的時間挖井水，為了就是要提供一些乾淨的水給墨西哥人喝，以取代他們原有被污染的髒水。在他停留墨西哥期間，把所有的時間都花費在這項工作上，他總共挖好了三個井，每一次他必須花很多時間教導村民如何使用乾淨的水。其實這也是一種變革，開闢道路也是一樣。

這是一個很好的例子，因為這個年輕人花了一整年的時間，在極度惡劣的環境下，利用先進的鑽井設備進行這項高難度的工程，原來應該是由墨西哥政府來做這項工作，不過他卻盡其所能的貢獻一己之力，最後提供這麼多良好的水源。當他聽到收音機的新聞時，一定不知道自己做了多大的貢獻。不過重點是，他的精神是每個人都必須具備的。

對地區基本建設的全心投入，是承擔偉大任務的先決條件。在美國，我們可以從事較高階層的改進工作，如大學教育等。但是在墨西哥，在設立大學和中學教育之前，我們必須先從事基本建設，如開闢道路、掘井、建設醫院、良好的公共服務等。一個人花一整年的時間在墨西哥挖井，也是一種改造世界的方法，他對世界的貢獻不下於先進社會的高層次變革。當人們相信自己的能力，並了解社會變革有一定的進程之後，就不會覺得以上的挖并行為是浪費時間、毫無用處的。一個人可以因為幫助落後國家開闢山路，而自覺與他在其他國家從事更高層次改造行動一樣地愛國。當一個人真正地了解，只有在低層需求獲得滿足後，才有可能產生高層需求。有了這樣的信念後，一個人才能對任何層次的社會變革，投注全部的心力。

在企業界也是同樣的情形。當企業建造一座工廠，從低層需求、獨裁管理，邁向一個高層需求、民主開明的管理政策之前，必須進行某些流程、開過無數次的董事會議，並與員工充分溝通。每一項步驟都是必要的。我們可以這麼說，任何改進美國工業的偉大任務，都是由許許多多小任務所構成。沒有完成這些小任務以前，就不可能形成所謂的偉大任務。

尤其對很多年輕一輩來說，他們總是整天坐在那裡，等著「偉大」的任務從天而降；等到他們覺得有價值、有愛國意義的任務，才會滿懷熱誠地做這些工作。他們是真的很願意把自己奉獻給國家，即使犧牲生命也在所不惜，但卻不願意為自己的國家洗盤子，或是做一些影印之類的小工作。我們必須讓他們明白，所謂的愛國主義、民主改革和社會變革，都來自於日常生活中的小事。我們必須清楚所有工作的最終目標或價值，確定所有的方式都能達到最後正確的目標。例如在戰爭時，大家都會覺得挖掘山洞、釘鐵絲、削馬鈴薯皮、擦洗地板，或是做一些很卑微的粗重工作，都是愛國的表現。人們知道做這些小事可以幫助自己的國家打勝仗。原則上，在和平時代，我們也都應該有這樣的想法，從小事做起。

第七、沒有人可以做所有的事情。我們不應該期待有耶穌或彌賽亞之類的偉大領導者，可以顧全所有的事或承擔每一件事。沒有一個人有全部的知識，或是同時在所有的地方進行社會變革的工作。一位領導者最重要的工作，就是將所有優秀的專家和理論學者集合起來，協調彼此的差異，共同組成一個表現優良的團隊。

第八、社會變革必須分工，也就是說，這項工作需要不同專長的人共同執行。每一個人都與他人同等的重要。每一種性格、每一種技能、每一種才華、每一種天賦都是有用的，也是社會變革的先決條件。因此化學家必須尊重社會學家，因為兩者都是必要的。司機、清潔人員、店員、接線生和打字員等，每一個人都是必要的。換句話說，每一個人在其工作崗位上，都能自我尊重。沒有領導者與追隨者之分。在理想的社會變革情況下，每一個人都確實知道目標為何，並盡力達成共同的目標。每一個人都是將軍。每一種技能都是必要的，因此任何一個人都願意做任何一件事，並且為自己的貢獻感到自豪。

第九、每一個人可以、也應該擁有健康的自私。每一種人都是有用而且必要的，因為他可以做別人無法做的事，因此，他獨特的貢獻，就是他所能做出的最大貢獻。他必須認清自己，知道本身有什麼樣的才能以及天賦，找到自己特殊的定位——在此領域中他的表現優於其他人。這種健康的自私可以讓我們同時具有利他與自私的性格。換另一個方式說，自私是我們進行社會變革時，最具利他性的行為（如果我們小心謹慎的定義這兩個字的意義）。

如果有人間最具利他性以及幫助社會的最好方法是什麼，就是找出你可以做得最好的事，然後馬上行動。我們可以做得最好的事是自我實現、自我充實、享受生產、樂在工作，這是存在心理學或綜效中，超越自私與利他對立關係的最好例證。我們可以做自己想做的事，也就是我們做得最好的事，能讓我們產生最大的樂趣和快樂，對社會有最大的助益，讓我們感覺自己是道德的。

第十、具有同胞愛和同事情誼。如果我們了解上述所言，就明白所有人是在同一個軍隊裡、同一個團體裡，擁有共同的目標，我們不僅欣喜自己所能做出的貢獻，更能欣賞他人的貢獻。我們必須感激其他人與我們是如此地不同。如果健壯型體質的人數不夠，像我一樣屬於瘦弱體質的人就必須執行健壯體質的人該做的事。但是我的體質屬於瘦弱型，因此無法做得很好，而且我自己也不喜歡這樣的工作。因此如果世界上有健壯型體質的人，我會非常感謝他們，因為他們有能力做好我所不喜歡的工作。同樣的，如果男性與女性了解彼此相互需要時，就能真心愛對方，而非不情願地與對方合作。男人應該由衷感激，世上存在著女性真是一件好事；女人也應該感激世上存在著男性。

同樣的，所有的律師也都應該感激這世界上有醫師的存在，醫師也應該感謝世界上有工程師的存在。如果大家都有同樣的感覺，我們甚至也會感激這世上有低能兒的存在（而且對他們付出感情），感激有願意收垃圾的人、做清潔工作的人、願意做重複工作的人，以及願意做我們不喜歡的工作的人。在這種同事情誼的背景之下，敵對以及競爭的觀念必須重新定義。

我們也許會考慮到，有一個團體擁有比較強烈的同事情誼，就是科學家。他們的法律、規則以及做事的方法，可以成為其他人的範例。科學的分工非常精密，而且具備深刻的同事情誼。但是當我們仔細分析過後，就會發現情況可能並非我們所想的完美。敵對、競爭和相互排斥的心態仍存在，尊敬與輕視的差別待遇仍存在，有些物理學家就認為生物學不是科學，不值得尊敬；有些社會學家認為，工程師只是一些把弄玩具的小男孩，做不出什麼大事。在了解以上的信心論述之前，必須去除這種輕蔑的心態。人們必須了解綜效的意義，以及超越對立的重要。

第十一、每一個人必須挑選適合自己的工作，也就是說，每一份工作都有自願者。每一個人必須找出自己在社會中的位置。因為每個人都必須有自己的定位，包括特有的才華、能力、技巧、價值和責任等。當然他可以尋求指導員、人力資源工作者和臨床心理醫師的協助，了解自己、了解社會的經濟需求，但除非緊急情況需要，最後的決定權在個人本身。

第十二、自我發展、自我實現、紀律、認真工作、完全發揮個人才華與能力。尤其今日的社會更為必要，因為許多的年輕人誤解了成長和自我實現的定義。愈來愈多過於依賴、過於放縱、只會說大話、性格被動的人，將自我實現解釋為「等待靈感的降臨」，他們等著事情的發生，等著某個高峰經驗的發生，自然而然、毫不費力地告訴他們自己的命運和應該做的事。任何可以自行實現的事對這些自我放縱的人來說，都是令人歡喜的。

但這種情形也不是一開始就是這樣。培養一個人的能力是很艱難的事，也可能令人厭煩——雖然有些人能夠理解，這是藉由對個人使命的全心投入，邁向自我實現的一個重要過程。年輕人的態度可能來自於父母親，他們的父母或長輩不喜歡干涉他人的行為，讓他們自由發展，自行下定決心找到自己。在這種情形之下，某些心志堅定、才華洋溢、擁有理想的人，比起那些個性被動、意志模糊而衝突的人，會有較佳的表現。

我們應該對抗這種只會坐著等待事情發生，在等待中四處晃蕩，不好好訓練、練習、培養自己才能的想法。我們必須進行更多的研究，證明紀律的好處、放縱的壞處、挫折的好處、努力的好處、挑戰的好處等等。我們還必須有嚴謹的理論和實驗證明，自我實現的人都是努力工作的人，他們全心投入自己的工作和責任，並認同這份工作和責任，當然這代表著父母親教育和行為獲得改進。這與現今的親子教育方式有所抵觸，現今的父母以小孩為中心、給予小孩任何他所想要的東西、害怕拒絕小孩會傷害他或延後他的滿足。

第十三、美國式改革或社會變革與傳統的永久性、固定性和最終性改革不同，它是實驗性的，而且開放任何修正的可能。因為知識會不斷地增加，而且我們所知道的遠比我們所應知道的要少很多；過早的確定和過分的自信不僅不恰當，也不符合科學精神。所有的科學原則，尤其是剛起步的科學，都適用於社會變革原則。

約翰·杜威（John Dewey）①就是這樣的一位英雄，不同於過去那些激昂暴烈，酷愛戰爭的革命者。我們必須具備科學的態度，將每項建議視為一項假設或實驗，必須經過再三的測試與確認，假定這些建議有可能是錯的；即使執行成效良好，我們也必須有心裡準備，可能會產生新的或是無法預見的問題。

也許可用我們社會的富足作為例子，這是人類幾世紀以來所追求的目標，它不僅帶來人性高度發展的可能，更為人類帶來立即的幸福。富足的社會具備各項美德、優勢，但也產生許多意料之外的問題、不好的結果和可怕的陷阱。我們應該以更明確的方式說明科學的實驗態度。例如，如果依據足夠的證據，我們相信改進算術教學方法是達到社會變革的必要因素，對於這種想法人們會有不同的反應。其中之一是，相信有一個人擁有天賦的靈感，對整件事非常的確定、很果斷，他自信地認為這是可行的，對於那些抱持懷疑態度或反對意見的人嗤之以鼻。另一種反應是，我們假設有可能有效，但是也有可能無效，因此必須進一步的確認。我們可以事先設計一項實驗測驗它的可能性，在現有的環境下設計出最完善和精準的實驗，以了解各種可能的結果。不過，令人疑惑的是，有許多實驗無法同時進行。如果有兩到三種改善的可能，而且程度相同，為何不同時測試？在過去相信最終真理的思考模式中，這種實驗方式是不可能發生的——請參考賀佛爾（Eric Hoffer）②所著《狂熱份子》（The True Believer）。

這份信心論述隱含的一個目的是重新定義何謂「確定」。不同的字典有不同的解釋。追求數學或舊有宗教定義下，百分之百確定的想法，必須永遠的放棄。但問題是，一旦我們放棄這種超自然的確定，是否就必須放棄所有關於確定的概念，進入一個相對的世界觀？事實上，這是沒有必要的。科學家雖然非常有自信，但是他仍然警覺可能發生的錯誤。當我們有足夠的實驗證明後，某項陳述就具備了「科學性確定」（scientific certainty），但這不是「永久或完美的數學性確定」（eternaland perfect mathematical certainty）。兩者是有分別的，不應混為一談。

當然，所有科學理論、哲學和方法的改變，都必須運用杜氏實驗法則加以測試。例如，關於參與觀察者（participant observer）[3]的問題必須加以深究，將科學等同於實驗室實驗的想法也必須加以摒除。至於觀察者的觀察行為會影響觀察結果的問題，也必須做更深入的研究。達爾頓在他著作《管理人》中的一些研究理論，可以做為很好的例子——尤其是附錄裡〈預先觀念以及方法〉（Preconceptions and Methods）的內容，這是他在為《研究的年代史》（Chronicles of Research）所撰寫的文章。

這種觀念適用社會生活中其他的領域。我們應該放棄一些不客觀的科學以及沒有價值、不真實的觀念。同時需要比現在更多的事實以及觀念。這篇文章最後所要強調的是漸進式社會改革的必要性。我們必須具備科學家的耐心，他們在下任何結論以前總是會等待所有的資料都齊全，才公布最後的結果。

① **杜威：**美國哲學家、心理學家和教育家，也是實用主義哲學派的創始人之一。他強調經驗即生活，生活即是應付環境的活動；在應付環境時，思想最為重要，故思想為應付環境的工具。在心理學上他是功能學派的創始人之一，主張心理學的研究應重視心的功能，重視個體適應環境的歷程。

② **賀佛爾：**美國碼頭工人和哲學家，他的第一本著作《狂熱分子》使他一舉成名，書中表明了他對於群眾運動的深刻見解。著作大多以警句的形式出現，尖酸辛辣，深受蒙田的影響。

③ **參與觀察者**（participant observer）**：**從事觀察研究時，觀察者親自參與被觀察者的活動，如此才能得到較為自然的資料。

37

造成企業營運障礙的主因

人類愈進化，心理就愈健康，就愈需要開明管理政策，才能在競爭中生存；採用獨裁管理的企業將造成企業營運的障礙。

人類的成長，不僅表現在個性的成熟，還包括個人的理想，尤其是美國人民、婦女或是下層團體。人們愈成長，獨裁制度就愈難生存，人們會愈來愈無法適應獨裁管理方式，甚至會憎恨它。其中一部分的原因是，當人們有高層次和低層次的樂趣可以選擇時，當然就會選擇較高層次的樂趣（如果他曾經享受過這兩種樂趣的話）。意思就是說，經歷過自由的人，絕無法再度忍受被奴隸剝削的感覺，即使他們在擁有自由以前，並沒有對被奴隸的情況做出任何的反抗措施。人們在第一次感受到尊重以及自尊的感覺以後，就再也無法接受被奴隸的感覺。

對人們太好，有時可能會導致他們無法適應惡劣的環境。也就是說，他們對於較惡劣的生活環境會變得無法滿足相接受。當社會愈健全，政治愈清明，教育愈先進，人們就愈不能適應X理論、獨裁管理，以及像監獄一般的大學制度，他們會愈來愈需要一種健全完美的管理制度，可以促使人們成長的教育等等。在獨裁式管理的環境下，他們表現不佳，變得反抗和有敵意。我們可以從產品、品質、對經理人的認同等現實情況中看到這樣的例子。

賜給人們良好的環境，會使他們無法適應惡劣環境。就美國工業的競爭情況而言，目前社會中個人發展的層次，使健全心理管理或開明管理成為一項重要的競爭優勢。也就是說，舊式的管理方式將逐漸被淘汰，而採用這種舊式管理方式的企業，將無法與那些採行開明管理的企業競爭，因為後者擁有較優良的產品、較佳的服務。在這種情況之下，舊式管理制度勢必遭到淘汰。不論我們從會計、企業營運或競爭優勢的角度而言，當一家企業使用老舊過時的機器，將沒有任何競爭優勢可言。

對人也是同樣的道理，人類愈進化，心理就愈健康，就愈需要開明管理政策，才能在競爭中生存——採用獨裁管理的企業將造成企業營運的障礙。其他理論性的事物也是如此。例如，當我們的教育制度愈健全，採行開明管理就愈具有經濟優勢。當宗教機構採行開明管理政策，信仰就愈自由，採用開明管理的企業就愈具有競爭優勢。

這就是為什麼我對未來的健全心理管理如此有信心，認為它是未來趨勢的主要原因。一般的政治、社會、經濟環境，不會有什麼根本的改變——軍事政權正逐漸退位。因此我希望現今在宗教界、工業、政治和教育等領域的成長與改進仍會持續。全球正邁向國際化，也促使社會不斷地追求成長，因此健全心理管理的趨勢將更為明顯。自動化的發展也是一樣的情形，只是在過渡時期必須面對大量的問題。同樣的，也許我們也有可能轉化成一個和平經濟體（peace economy），不再強調武裝或軍事競賽。這樣的潮流同樣會強化開明管理或民主管理的重要，甚於獨裁或舊式管理。

也許我們可以由杜拉克的「員工態度與表現」第七部門，與「管理表現與發展」的第六部門共同承擔開明管理的責任。我不確定現今有必要設立第九部門，但是未來絕對需要一位專業人員，他所接受的訓練不同於杜拉克第六部門經理人或第七部門經理人。例如，他必須接受心理學、哲學、心理治療或教育等訓練。

冷戰的關係，第九部門將更形重要，有可能提早實現。因為軍事的重要性日益降低，物理、化學和生物武器也不再有重大的用處。除了避免戰爭的爆發外，軍事武器已沒有什麼用處。最後誰會贏得冷戰，將視俄羅斯社會以及美國社會的人性發展結果。目前的冷戰包含了對中立國的政治、社會、教育與個人支援，以贏得他們的好感。如此一來，非軍事性的事物就顯得極為重要，其中之一就是種族歧視的問題，尤其對非洲人來說，俄羅斯社會比美國社會占有優勢。

最後兩種文化的人民所表現出來的不同性格，將會成為重要的因素。當國際旅遊變得更為便利時，這項因素也會更為重要。觀光客、生意人、科學家訪問團和文化交流等，也都會愈來愈重要。如果美國人民的表現優於俄國人民，美國人又為人所愛、更受到尊敬、更為人所信任。如果是這樣，追求企業成長的趨勢，將成為高層的國家政策，甚至有可能會使原子彈轟炸計畫就此停擺。如果我們對這項政策的投資，如同我們在原子彈轟炸、飛彈以及太空計畫上的投資一樣龐大時，在政治上，我們會有很大的收穫。也許國家規定每一家企業都要有第九位副總裁，一方面是做為公共服務，一方面是應付政府的要求，例如州政府部門。

在理論上與實務上，會愈來愈強調事物彼此間的相互關係，任何一家企業與社會的整合和共生關係，將更為強化而且是逐年增加。任何一家企業都可以代表整個社會。在民主社會中，任何一家企業都有創造優秀公民或不良公民的功能。

產品品質不但關係到個人、社區和國家的地位，同時也攸關一國在冷戰中的地位。這是可以確定的，但美國沒有像其他國家體認得這麼深。大部分國家對美國產品都有一種刻板印象，他們認為美國生產的原子筆比其他國家的好，寫起來比較流暢。而最近的例子是，日本政府和民間企業都意識到，必須共同合作製造高品質的產品。在冷戰前，大家對日本產品的刻板印象是劣等的、廉價的仿冒品。但如今我們對日本產品的評價，已經等同於過去我們對德國產品的評價一樣：品質精良，工藝水準先進。眾人可以經由某個國家所製造的汽車或照相機，評斷一個國家；有人認為德國的產品品質已經開始下降，若真是如此，西德在世人眼中的地位將會逐漸滑落。因為每一位西德人都認同自己的國家，並將國家形象內化於自身形象當中，因此國家地位的低落，使得人民的自尊心失落。同樣的，日本產品品質的提高，代表每一位日本公民的自尊心也隨之提高。美國也是一樣的情形。

國家圖書館出版品預行編目(CIP)資料

馬斯洛人性管理經典(暢銷新裝版)/ 馬斯洛 (Abraham H. Maslow), 史蒂芬絲 (Deborah C. Stephens), 海爾 (Gary Heil) 著 ; 李美華 , 吳凱琳譯 . -- 初版 . -- 臺北市 : 商周出版 : 家庭傳媒城邦分公司發行 , 2019.10
面; 公分
譯自 : Maslow on management
ISBN 978-986-477-743-3(平裝)
1. 馬斯洛 (Maslow, Abraham H.) 2. 管理心理學 3. 人性管理 4. 自我實現
494.014 108015978

BW0063Y

馬斯洛人性管理經典(暢銷新裝版)

原　　書　名/Maslow on Management
作　　　　者/馬斯洛(Abraham H. Maslow)、史蒂芬絲(Deborah C. Stephens)、海爾(Gary Heil)
譯　　　　者/李美華、吳凱琳
責 任 編 輯/李皓歆
企 劃 選 書/陳美靜
版　　　　權/黃淑敏、吳亭儀
行 銷 業 務/莊英傑、周佑潔

總　編　輯/陳美靜
總　經　理/彭之琬
事業群總經理/黃淑貞
發　行　人/何飛鵬
法 律 顧 問/台英國際商務法律事務所　羅明通律師
出　　　　版/商周出版
臺北市 104 民生東路二段 141 號 9 樓
電話:(02) 2500-7008　傳真:(02) 2500-7759
E-mail: bwp.service @ cite.com.tw
發　　　　行/英屬蓋曼群島商家庭傳媒股份有限公司　城邦分公司
臺北市 104 民生東路二段 141 號 2 樓
讀者服務專線:0800-020-299　24 小時傳真服務:(02) 2517-0999
讀者服務信箱 E-mail: cs@cite.com.tw
劃撥帳號:19833503　戶名:英屬蓋曼群島商家庭傳媒股份有限公司城邦分公司
訂 購 服 務/書虫股份有限公司客服專線:(02) 2500-7718;2500-7719
服務時間:週一至週五上午 09:30-12:00;下午 13:30-17:00
24 小時傳真專線:(02) 2500-1990;2500-1991
劃撥帳號:19863813　戶名:書虫股份有限公司
香 港 發 行 所/城邦(香港)出版集團有限公司
香港灣仔駱克道 193 號東超商業中心 1 樓
E-mail: hkcite@biznetvigator.com
電話:(852) 25086231　傳真:(852) 25789337
E-mail:hkcite@biznetvigator.com
馬 新 發 行 所/Cite (M) Sdn. Bhd.
41, Jalan Radin Anum, Bandar Baru Sri Petaling, 57000 Kuala Lumpur, Malaysia.
電話:(603) 9057-8822　傳真:(603) 9057-6622　E-mail: cite@cite.com.my

美 術 編 輯/簡至成
封 面 設 計/FE Design 葉馥儀
製 版 印 刷/韋懋實業有限公司
經　銷　商/聯合發行股份有限公司　電話:(02) 2917-8022　傳真:(02) 2911-0053
地址:新北市 231 新店區寶橋路 235 巷 6 弄 6 號 2 樓

■ 2019 年 10 月 15 日初版 1 刷
■ 2022 年 3 月 29 日初版 1.5 刷
Printed in Taiwan

ISBN 978-986-477-732-7
定價 430 元

城邦讀書花園
www.cite.com.tw

商周出版

廣 告 回 函
北區郵政管理登記證
台北廣字第 000791 號
郵資已付，免貼郵票

104 台北市民生東路二段 141 號 9F
英屬蓋曼群島商家庭傳媒股份有限公司
城邦分公司

請沿虛線對摺，謝謝！

商周出版

書號：BW0063Y　**書名**：馬斯洛人性管理經典（暢銷新裝版）　**編碼**：

請於此處用膠水黏貼

商周出版

讀者回函卡

謝謝您購買我們出版的書籍！請費心填寫此回函卡，我們將不定期寄上城邦集團最新的出版訊息。

姓名：______________________ 性別：☐男 ☐女

生日：西元 __________ 年 __________ 月 __________ 日

地址：______________________________

聯絡電話：__________________ 傳真：__________________

E-mail：______________________________

學歷：☐ 1. 小學 ☐ 2. 國中 ☐ 3. 高中 ☐ 4. 大專 ☐ 5. 研究所以上

職業：☐ 1. 學生 ☐ 2. 軍公教 ☐ 3. 服務 ☐ 4. 金融 ☐ 5. 製造 ☐ 6. 資訊
☐ 7. 傳播 ☐ 8. 自由業 ☐ 9. 農漁牧 ☐ 10. 家管 ☐ 11. 退休
☐ 12. 其他 ______________________________

您從何種方式得知本書消息？

☐ 1. 書店 ☐ 2. 網路 ☐ 3. 報紙 ☐ 4. 雜誌 ☐ 5. 廣播 ☐ 6. 電視
☐ 7. 親友推薦 ☐ 8. 其他 ______________________________

您通常以何種方式購書？

☐ 1. 書店 ☐ 2. 網路 ☐ 3. 傳真訂購 ☐ 4. 郵局劃撥 ☐ 5. 其他 ____

對我們的建議：______________________________

____

____

____

____

____

【為提供訂購、行銷、客戶管理或其他合於營業登記項目或章程所定業務之目的，城邦出版人集團（即英屬蓋曼群島商家庭傳媒（股）公司城邦分公司、城邦文化事業（股）公司），於本集團之營運期間及地區內，將以電郵、傳真、電話、簡訊、郵寄或其他公告方式利用您提供之資料（資料類別：C001、C002、C003、C011等）。利用對象除本集團外，亦可能包括相關服務的協力機構。如您有依個資法第三條或其他需服務之處，得致電本公司客服中心電話02-25007718請求協助。相關資料如為非必要項目，不提供亦不影響您的權益。】

1. C001 辨識個人者：如消費者之姓名、地址、電話、電子郵件等資訊。
2. C002 辨識財務者：如信 用卡或轉帳帳戶資訊。
3. C003 政府資料中之辨識者：如身份證字號或護照號碼（外國人）。
4. C011 個人描述：如性別、國籍、出生年月日。

請於此處用膠水黏貼